SHELTIE

von Andrea Bruch
und Astrid Ruckmich

SHELTIE

Impressum
Copyright © 2009 by Cadmos Verlag, Brunsbek
Gestaltung und Satz: Ravenstein + Partner, Verden
Titelfoto: Dr. Richard Maurer
Fotos im Innenteil: Dr. Richard Maurer
Lektorat: Maren Müller
Druck: Westermann Druck, Zwickau

Printed in Germany
ISBN 978-3-86127-769-9

INHALT

Geschichte der Rasse

Shelties oder Shetland Sheepdogs, so die offizielle Rassebezeichnung, können auf eine lange Geschichte zurückblicken. Eine planmäßige Zucht erfolgt jedoch erst seit Anfang des 20. Jahrhunderts. Die Züchter der ersten Stunde strebten eine Miniaturausgabe des Langhaarcollies an. Sie kreuzten diese Rasse deshalb vermehrt ein, was das äußere Erscheinungsbild des Shelties bis heute prägt. Dass diese kleinen, agilen Hütehunde aber weit mehr sind als Langhaarcollies im Kleinformat, wird deutlich, wenn man sich genauer mit ihren Ursprüngen beschäftigt.

Die Ursprünge

Etwa 200 Kilometer nördlich von Schottland liegen die Shetlandinseln. Eine große, nur spärlich besiedelte Inselgruppe, geprägt von einer kargen felsigen Landschaft und rauem Klima mit reichlich Regen und heftigen Stürmen. Berühmt sind die Shetlandinseln vor allem wegen der Shetlandponys, robusten und genügsamen Miniaturpferden mit dichtem Fell zum Schutz vor Kälte und Nässe, die heute in vielen Ländern der Erde beliebte Freizeitpartner sind. Noch nicht ganz so berühmt, aber genauso robust und liebenswert ist eine kleine Hunderasse, deren Geschichte ebenfalls auf diesen Inseln ihren Anfang nahm – der Sheltie.

Die Urahnen der Shelties lebten jahrhundertelang auf den Höfen der Inselbewohner. Diese waren arme Bauern, die in erster Linie Schafzucht betrieben und auf ihren winzigen Pachtgrundstücken, den „Toons“, das wenige fruchtbare Ackerland bewirtschafteten. Ihre Hunde, die „Toonie Dogs“, mussten vermutlich vielfältige Aufgaben erledigen: Sie halfen beim Hüten und Treiben der Schafe, bewachten Haus und Hof, jagten Ratten und Mäuse und sorgten dafür, dass das Vieh den Höfen, Feldern und Gärten der Menschen fernblieb. Ob einige dieser Hunde bereits Ähnlichkeiten mit dem heutigen Sheltie aufwiesen, kann man nur mutmaßen. Sehr wahrscheinlich variierte das äußere Erscheinungsbild stark, weil es den Bauern nicht auf das Aussehen ihrer Hunde ankam, sondern ausschließlich auf die Arbeitsqualitäten. Schnell und behände mussten diese Hunde sein, das war für die Arbeit an

Für ihre Vorfahren war geschicktes Klettern überlebenswichtig, den heutigen Shelties macht es einfach nur Spaß.

den Schafen, bei der sie sich in unwegsamem, oft zerklüfteten Gelände bewegen mussten, unabdingbar. Von Vorteil waren die geringe Körpergröße – Futter war knapp und kleine Hunde fressen nun einmal weniger als große – und ein dichtes, Wasser abweisendes Haarkleid, das sie vor der rauen Witterung schützte.

Vom „Toonie Dog" zum Shetland Sheepdog

Wann und wie genau sich die „Toonie Dogs" der Bauern zum heutigen Sheltie entwickelten und welche Rassen an seiner Entstehung beteiligt waren, lässt sich nur schwer rekonstruieren. Da die Shetlandinseln seit Ende des 15. Jahrhunderts zu Schottland gehörten, ist anzunehmen, dass die Shetländer bereits zu dieser Zeit häufiger im schottischen Hochland zu Besuch waren und von dort collieartige Hütehunde mit auf die Inseln brachten.

Ziemlich sicher ist auch, dass etwa zur selben Zeit regelmäßig Fischerboote und Walfänger aus den nordischen Ländern an den Shetlandinseln anlegten. Die Besatzung hatte ihre eigenen Hunde mit an Bord, bei denen es sich wohl hauptsächlich um spitzartige Hunde handelte, wie etwa Islandhunde und grönländische Yakki-Hunde, aber auch ein lohfarbener King-Charles-Spaniel soll so auf die Shetlandinseln gelangt sein. Beim Landgang durften sich diese Hunde frei bewegen, wodurch es zufällig oder vielleicht auch planmäßig zu Kreuzungen mit den einheimischen „Toonie Dogs" kam.

Immer wieder und wohl nicht zufällig, sondern ganz gezielt zur Verbesserung der Hüteeigenschaften, kreuzten die Shetländer ihre Hunde mit schottischen Working Collies, den Vorfahren der heutigen Border Collies, und anderen collieartigen Hunden.

Etwa ab Mitte des 19. Jahrhunderts waren aus den „Toonie Dogs" kleine collieartige Hunde entstanden, die allerdings, das zeigen alte Bilder und Stiche, eher einem Border Collie denn einem Langhaarcollie glichen. Der Kopf war recht breit und noch nicht so elegant wie der des heutigen Shelties, die Ohren standen etwas weiter auseinander, und auch das Fell war noch nicht so voluminös, was die Hunde hochbeiniger wirken ließ. Den Ähnlichkeiten mit den schottischen Collies verdanken die Hunde wahrscheinlich auch die Bezeichnung Shetland Collies, die im 19. Jahrhundert aufkam.

Um die Jahrhundertwende besuchten zahlreiche britische Seefahrer die Shetlandinseln. Sie fanden Gefallen an den niedlichen Minicollies, und nicht wenige von ihnen brachten einen Welpen als Souvenir mit auf die britische Hauptinsel. Dort erfreuten sich die Shetland Collies rasch wachsender Beliebtheit und die Nachfrage nach diesen Hunden stieg. Sehr wahrscheinlich war das der Auslöser dafür, dass die armen shetländischen Bauern verstärkt Hunde züchteten, denn nun ließ sich mit den Welpen Geld verdienen. Die zu dieser Zeit aufkommenden Bestrebungen zur Organisation der Zucht und dem Vergleich der Zuchthunde bei Ausstellungen gipfelten 1908 in der Gründung eines „Shetland-Collie-Clubs".

Die Langhaarcollies unter seinen Vorfahren kann so mancher Sheltie auch heute noch nicht verleugnen.

Das damalige Zuchtziel der Shetländer war eine Miniaturausgabe des Langhaarcollies, der sich in Großbritannien bereits seit Jahrzehnten großer Beliebtheit erfreute. Dieses Ziel lag allerdings noch in weiter Ferne, denn das äußere Erscheinungsbild der shetländischen Hunde variierte nach wie vor stark. Sicher nicht zuletzt wegen der fehlenden Ähnlichkeit mit „ihrer Rasse“ missfiel den Langhaarcollie-Züchtern die Bezeichnung „Collie“ im Namen dieser „Mischlinge“ von den Shetlandinseln, und es gelang ihnen auch zu erwirken, dass sie nicht mehr verwendet werden durfte. Deshalb wurde aus dem Shetland Collie der Shetland Sheepdog. 1914 erfolgte dann in Birmingham die Gründung des „English Shetland Sheepdog Clubs“, und im gleichen Jahre erkannte der „Londoner Kennel Club“ die Rasse dann auch offiziell an.

An dem Zuchtziel änderte das Verbot des Namens allerdings nichts, und so kreuzte man immer wieder kleinere Langhaarcollies ein, um dem Shetland Sheepdog ein einheitlicheres Collieaussehen zu verleihen. Verstärkt geschah dies in den zwanziger Jahren des vergangenen Jahrhunderts, als die Sheltiezucht durch den Ersten Weltkrieg einen starken Einbruch erlitten hatte. In dieser Zeit diente die Einkreuzung von Langhaarcollies dem Wiederaufbau der Zucht.

So entstand nach und nach der Sheltie, den wir heute kennen. Sein äußeres Erscheinungsbild ist einheitlicher, der Typ ist gefestigt. Langhaarcollies werden nun schon seit vielen Jahren nicht mehr eingekreuzt. Die nahe Verwandtschaft lässt sich aber noch immer nicht verleugnen und zeigt sich manchmal sogar besonders deutlich: Immer wieder kommen Welpen zur Welt, die weit größer werden als ein „normaler“ Sheltie.

Shetland Sheepdog oder Sheltie?
Shetland Sheepdog ist die offizielle Rassebezeichnung, unter dem Namen Sheltie sind die Hunde aber bekannter. Sheltie könnte eine liebevolle Abkürzung sein, möglicherweise hat das Wort aber auch einen ganz anderen Ursprung: Im 9. Jahrhundert landeten die Wikinger auf den Shetlandinseln, die sie in ihrer altnordischen Sprache Hjaltland nannten. Die Bewohner der Inseln bezeichneten sie als Hjalti. So könnte auch das Wort Sheltie seinen Ursprung in eben dieser Wikingerzeit haben und sich aus der Bezeichnung für die Inselbewohner ableiten.

Sheltiezucht in Deutschland

1935 wurden in Deutschland die ersten Shelties als Zuchthunde registriert. Sie waren aus England importiert worden und gehörten der Baronin von Richthofen-Schweidnitz, die folglich als die erste deutsche Sheltiezüchterin gilt. Maßgeblich am Aufbau der deutschen Sheltiezucht beteiligt waren auch die Zwinger „Von der Alpspitze“ und „Vom

Die beliebten Shelties werden in vielen Farbvarianten gezüchtet. Oben im Bild einmal Zobel und einmal Tricolour. Unten zweimal Blue-Merle und einmal das offiziell (noch) nicht anerkannte Color-Headed-White.

Rehhof", die ihre Zucht ebenfalls mit aus England importierten Hunden begründeten.

Heute gibt es in Deutschland zwei spezielle Rassehundeklubs, die sich mit der Zucht des Shetland Sheepdogs befassen und die beide dem Verband für das Deutsche Hundewesen (VDH), dem größten Dachverband für deutsche Hundezuchtvereine, angeschlossen sind: den Club für Britische Hütehunde e. V., der neben dem Sheltie auch alle anderen Britischen Hütehunde, also auch Collies, Border Collies, Bobtails, Welsh Corgis und Bearded Collies, betreut, und den erst 2005 in den VDH aufgenommenen 1. Shetland Sheepdog Club Deutschland e. V., der ausschließlich für den Sheltie zuständig ist. Diese Vereine richten sich nach dem von der Fédération Cynologique Internationale (FCI) festgelegten Rassestandard.

Darüber hinaus gibt es noch zahlreiche kleinere Vereine, die dem VDH nicht angeschlossen sind, sich bei der Zucht aber ebenfalls am FCI-Standard orientieren.

Im Lauf der Jahre haben die liebenswerten Shelties in Deutschland immer mehr Anhänger

gefunden. Für das Jahr 2007 zählte der VDH erstmals weit über 800 Sheltiewelpen. Zwar gibt diese Zahl nur über einen Teil der tatsächlich gefallenen Würfe Auskunft, da nur die bei Züchtern der VDH-Mitgliedsvereine geborenen Welpen registriert werden, mit Sicherheit lässt sich allerdings sagen, dass der Sheltie in Deutschland bei Weitem noch nicht so populär ist wie in seinem Mutterland England, wo er seit Jahren zu den Top Ten der beliebtesten Hunderassen zählt – und das ist auch gut so, denn es ist nicht unbedingt zum Vorteil einer Rasse, wenn sie in Mode kommt.

Zuchtlinien

In Deutschland werden überwiegend Shelties aus britischen Linien gezüchtet. Das mag vor allem daran liegen, dass der bei uns gültige FCI-Standard dem in Großbritannien gültigen Rassestandard entspricht. Aber auch aus den USA und Kanada werden immer wieder Shelties importiert und zur Zucht eingesetzt. In diesen Ländern gilt allerdings ein etwas anderer Standard, der nicht in allen Punkten dem der FCI entspricht. Selbstverständlich stammen auch die Vorfahren der amerikanischen Hunde aus Großbritannien, denn dort steht nun einmal die Wiege der Shelties. Aber heute unterscheiden sich die amerikanischen Shelties schon ein wenig von ihren britischen Verwandten: Die britischen Shelties sind meist feingliedriger, haben edlere Köpfe und einen lieblicheren Gesichtsausdruck als die Shelties aus den USA und Kanada, die oft etwas größer sind und durch einen stabileren Knochenbau und ausgeprägtere, etwas gröber wirkende Köpfe auffallen.

Porträt einer liebenswerten Rasse

Shelties sind elegante und quirlige kleine Hunde, die sich besonders durch ihre Intelligenz, ihren unermüdlichen Arbeitseifer und vor allem durch die bedingungslose Liebe zu „ihrem" Menschen auszeichnen.

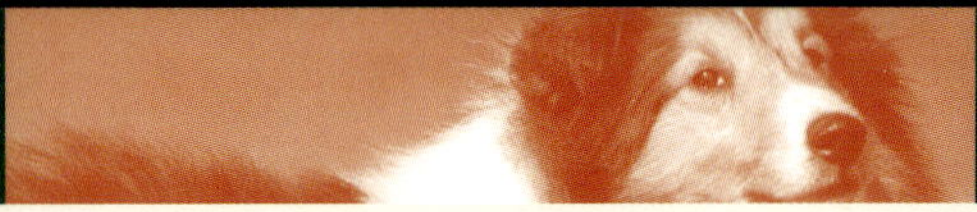

Besondere Merkmale des Shelties

Ein „kleiner, langhaariger Arbeitshund von großer Schönheit, frei von Plumpheit und Grobheit“ heißt es im Rassestandard, und damit ist das äußere Erscheinungsbild des Shelties fast schon perfekt beschrieben. Auf einige der besonders shelttietypischen Merkmale möchten wir hier aber noch genauer eingehen.

Beginnen wir zunächst am Kopf. Dieser sollte keilförmig sein und einen „leichten, aber deutlich erkennbaren Stopp“ aufweisen. Das bedeutet, dass Stirn und Nase nicht nahtlos ineinander übergehen, sondern die Linie durch einen leichten Knick unterbrochen wird. Weitere wichtige Merkmale sind die mandelförmigen Augen und die Kippohren. Die Ohren eines aufmerksamen Shelties dürfen nämlich nicht ganz aufgestellt sein, sondern das obere Drittel des Ohrs soll nach vorn kippen.

Typisch Sheltie: Stirn und Nase trennt ein leichter, aber deutlich erkennbarer Stopp. Die mandelförmigen Augen und Kippohren lassen den Gesichtsausdruck „lieblich“ wirken.

Eine sehr hellzobelfarbene ältere Sheltiedame mit üppiger Mähne und reichlich Brustfell.

Die typischen Augen und Ohren tragen entscheidend zu dem im Standard geforderten „lieblichen Ausdruck“ bei.

Das Haarkleid zeichnet sich durch seine Doppellagigkeit aus. Über der dichten und feinen Unterwolle liegt das lange, gerade und robuste Deckhaar, das den Sheltie vor Kälte, Nässe und Wind schützt. Die üppige Mähne, die den Kopf umrahmt, und das dichte lange Brustfell fallen besonders ins Auge. Vor allem bei Rüden sind Mähne und Brustfell sehr ausgeprägt. Der Körper soll etwas länger als hoch, also eher rechteckig sein, und die tief angesetzte, lange Rute reicht mindestens bis zum Sprunggelenk und hat idealerweise an ihrem Ende einen leichten Aufwärtsschwung.

Den Sheltie kennzeichnet ein „geschmeidiger, fließender und anmutiger Gang mit Schub aus der Hinterhand“, der es ihm erlaubt, auch weite Strecken ohne Anstrengung zurückzulegen. Eine wichtige Voraussetzung dafür sind gut gewinkelte Gelenke und insgesamt gerade, kräftige und muskulöse Gliedmaßen, die im Standard ebenfalls gefordert werden.

Die erwünschte Körpergröße beträgt für Hündinnen 35,5 Zentimeter und für Rüden 37 Zentimeter, Abweichungen von 2,5 Zentimetern nach oben oder unten sind erlaubt. Gemessen wird am Widerrist, dem höchsten Punkt des Rückens, der sich am Übergang zwischen Hals und Brustwirbeln befindet.

FCI-Standard-Nr. 88 vom 30.05.1989:

Allgemeines Erscheinungsbild:

Kleiner, langhaariger Arbeitshund von großer Schönheit, frei von Plumpheit und Grobheit. Umrisslinie symmetrisch, sodass kein Teil unproportioniert erscheint. Das üppige Haarkleid, die üppige Mähne und Halskrause und ein schön geformter Kopf mit einem lieblichen Ausdruck verbinden sich zum idealen Erscheinungsbild.

Charakteristika:

Wachsam, sanft, intelligent, kräftig und lebhaft.

Wesen:

Liebevoll und verständig gegenüber seinem Herrn, reserviert gegenüber Fremden, niemals nervös.

Kopf und Schädel:

Kopf edel, von oben oder von der Seite gesehen wie ein langer stumpfer Keil, der sich von den Ohren zur Nase hin verjüngt. Die Breite des Schädels steht im richtigen Verhältnis zur Länge von Schädel und Fang. Das Ganze muss in Anbetracht der Größe des Hundes bewertet werden. Schädel flach, mäßig breit zwischen den Ohren, ohne dass das Hinterhauptbein hervorragt. Wangen flach, glatt in den gut gerundeten Fang übergehend. Schädel und Fang gleich lang. Teilungspunkt ist der innere Augenwinkel. Oberlinie des Schädels verläuft parallel zur Oberlinie des Fangs, mit leichtem, aber deutlich erkennbarem Stopp. Nase, Lefzen und Lidränder schwarz. Der charakteristische Ausdruck ergibt sich durch die vollkommene Harmonie in der Verbindung von Schädel und Vorgesicht, durch Form, Farbe und Platzierung der Augen und durch die richtig angesetzten und korrekt getragenen Ohren.

Fang/Gebiss:

Kiefer ebenmäßig, glatt geschnitten, kräftig, mit gut entwickeltem Unterkiefer. Lippen fest geschlossen. Zähne gesund mit einem perfekten, regelmäßigen und vollständigen Scherengebiss, wobei die obere Schneidezahnreihe ohne Zwischenraum über die untere greift und die Zähne senkrecht im Kiefer stehen. Ein vollständiger Satz von 42 richtig platzierten Zähnen ist höchst wünschenswert.

Augen:

Mittelgroß, schräg eingesetzt, mandelförmig. Dunkelbraun, außer bei den Merles, wo ein oder beide Augen blau oder blau gesprenkelt sein dürfen.

Ohren:

Klein und am Ansatz mäßig breit, auf dem Schädel ziemlich eng zusammenstehend. Im Ruhezustand werden sie zurückgelegt getragen; im aufmerksamen Zustand werden sie nach vorn gebracht und halb aufrecht, mit nach vorn kippenden Spitzen getragen.

Hals:

Muskulös, gut gebogen, von ausreichender Länge, um eine stolze Kopfhaltung zu ermöglichen.

Vorhand:

Schultern sehr gut zurückliegend. Am Widerrist nur durch die Wirbel getrennt, liegen die Schulterblätter dann schräg nach außen, um der gewünschten Wölbung der Rippen Platz zu bieten. Schultergelenke gut gewinkelt. Oberarm und Schulterblatt ungefähr gleich lang. Abstand vom Boden zu den Ellenbogen gleich dem Abstand von Ellenbogen zu Widerrist. Vorderläufe von vorn gesehen gerade, muskulös und ebenmäßig geformt, mit kräftigen Knochen. Vordermittelfuß kräftig und geschmeidig.

Körper:

Geringfügig länger vom Schultergelenk zu den Sitzbeinhöckern als die Widerristhöhe. Brust tief, bis zu den Ellenbogen hinabreichend. Rippen gut gewölbt, in der unteren Hälfte schmal zusammenlaufend, um den Vorderläufen und den Schultern eine freie Bewegung zu ermöglichen. Rücken gerade, mit einer anmutigen Rundung über der Lendenpartie. Kruppe allmählich nach hinten abfallend.

Hinterhand:

Schenkel breit und muskulös, Schenkelknochen im rechten Winkel im Becken eingesetzt. Kniegelenk mit deutlicher Winkelung, Sprunggelenke gut geformt und gewinkelt, tief stehend, mit kräftigen Knochen. Hintermittelfuß von hinten gesehen gerade.

Pfoten:

Oval, mit gut gepolsterten Sohlen, Zehen gewölbt und geschlossen.

Rute:

Tief angesetzt. Die zur Spitze hin dünner werdenden Wirbelknochen reichen bis zu den Sprunggelenken, reichlich mit Haar bedeckt und mit einem leichten Aufwärtsschwung. Sie darf in der Bewegung leicht erhoben werden, aber niemals über die Rückenlinie hinaus. Auf keinen Fall geknickt.

Gangart/Bewegung:

Geschmeidig, fließend und anmutig, mit Schub aus der Hinterhand, dabei größtmögliche Distanz bei geringster Anstrengung zurücklegend. Passgang, kreuzende oder wiegende Gangart oder steife, stelzende Auf- und Abwärtsbewegung sind höchst unerwünscht.

Haarkleid:

Doppelt, das äußere Deckhaar besteht aus langem, hartem und geradem Haar. Unterwolle weich, kurz und dicht. Mähne und Halskrause sehr üppig. Vorderläufe gut befedert. Hinterläufe oberhalb der Sprunggelenke stark, unterhalb ziemlich kurz/glatt behaart. Das Gesicht kurz-/glatthaarig. Kurzhaarige Exemplare sind höchst unerwünscht.

Farbe:

Zobelfarben: Reinfarben oder in Schattierungen von hellem Gold bis zum satten Mahagoni, wobei die Schattierung kräftig getönt sein soll. Wolfsfarbe und Grau sind unerwünscht.
Tricolour: Tiefschwarz am Körper, vorzugsweise mit satten lohfarbenen Abzeichen.
Blue-Merle: Klares silbriges Blau, mit schwarzer Sprenkelung und Marmorierung. Satte lohfarbene Abzeichen werden bevorzugt. Ihr Fehlen wird nicht bestraft. Große schwarze Flächen, schiefergrauer oder rostfarbener Anflug, sowohl im Deckhaar, wie auch in der Unterwolle, sind höchst unerwünscht. Der Gesamteindruck muss vom Blau geprägt sein.

Schwarz-Weiß und Schwarz mit Loh sind ebenfalls anerkannte Farben. Weiße Abzeichen dürfen (außer bei Schwarz mit Loh) als Blesse, am Halskragen, an der Brust, an der Halskrause, an den Läufen und an der Spitze der Rute vorhanden sein. Das Vorhandensein all dieser oder einiger weißer Abzeichen soll bevorzugt werden (außer bei Schwarz mit Loh); das Fehlen dieser Abzeichen soll nicht bestraft werden. Weiße Flecken am Körper sind höchst unerwünscht.

Größe:

Ideale Widerristhöhe: Rüden: 37 cm, Hündinnen: 35,5 cm. Eine Abweichung um mehr als 2,5 cm über oder unter diese Maße ist höchst unerwünscht.

Fehler:

Jede Abweichung von den genannten Punkten sollte als Fehler angesehen werden, dessen Bewertung im genauen Verhältnis zum Grad der Abweichung stehen sollte.

Anmerkung:

Rüden sollten zwei offensichtlich normal entwickelte Hoden aufweisen, die sich vollständig im Skrotum befinden.

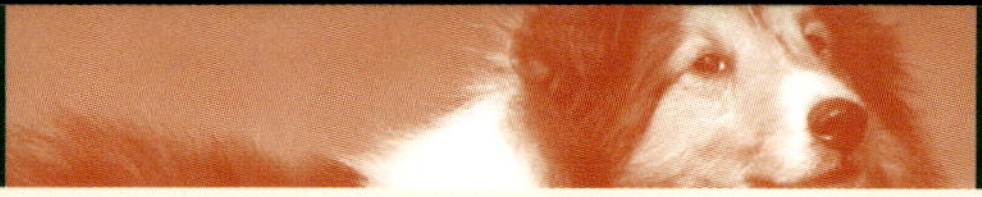

Stehohren und sehr unterschiedliche Größen sind zwar nicht das Zuchtziel, aber bei Shelties keine Seltenheit.

Keine Regel ohne Ausnahme

Trotz planmäßiger Zucht bringt die Natur nicht immer das hervor, was sich der Mensch als Idealbild wünscht. Gar nicht selten werden Shelties geboren, die nicht allen im Rassestandard vorgegebenen Kriterien entsprechen, aber sonst vollkommen gesund sind. Wer selbst nicht züchten möchte, wird mit einem Sheltie mit kleinen „Fehlern" bestimmt nicht weniger glücklich werden.

Ein häufig vorkommender Fehler sind beispielsweise Stehohren, die womöglich auf die spitzartigen Vorfahren der Shelties zurückzuführen sind. Stehohren zeigen sich nicht von Geburt an, aber nach einigen Wochen oder Monaten – kritische Phasen sind beispielsweise der Zahnwechsel, bei Hündinnen manchmal auch die erste Läufigkeit – stellen sich bei einigen Shelties die Ohren auf. Weil durch Stehohren ein wenig von dem „lieblichen Ausdruck" verloren geht und sie zudem im Ausstellungsring ein großes Manko bedeuten, wenden Sheltiehalter auf der ganzen Welt diverse Tricks an, um die Ohrspitzen doch noch zum Kippen zu bringen. Eine in Deutschland weitverbreitete Methode ist es, die Ohrspitzen eine Zeit lang mit Kaugummikügelchen zu beschweren. Oft gelingt das auch, und die Ohren bleiben nach

Entfernen der Kaugummis dauerhaft gekippt. Bis es so weit ist, kann allerdings bis zu einem Jahr vergehen. Schaden nimmt der Sheltie durch den „Kaugummitrick" nicht, aber manches Sheltieohr will trotz aller Bemühungen nicht kippen – dann sollte man den Versuch abbrechen und sich stattdessen über all die anderen Eigenschaften freuen, die den Sheltie so liebenswert machen.

Abweichungen von der im Standard festgelegten idealen Widerristhöhe, nach oben oder unten, kommen wohl bei fast allen Hunderassen hin und wieder vor. Shelties machen da keine Ausnahme. Bemerkenswert ist, dass bei dieser Rasse vergleichsweise häufig die obere Grenze überschritten wird. Shelties, die mit einer stattlichen Größe von weit über 40 Zentimetern deutlich über das Standardmaß hinauswachsen, sind gar nicht so selten. Dies ist sehr wahrscheinlich auf die Einkreuzung des Langhaarcollies zurückzuführen, die einerseits zwar der Vereinheitlichung der Rasse diente, andererseits aber Größenprobleme mit sich brachte, mit denen Züchter bis heute von Zeit zu Zeit konfrontiert werden. Was in den Augen des ambitionierten Züchters ein Nachteil ist, mag aber aus anderem Blickwinkel betrachtet ein Vorteil sein – manch einer, der mit seinem Sheltie aktiv Hundesport betreiben möchte, freut sich sogar über ein paar Zentimeter mehr.

Ebenfalls nicht erwünscht und wohl ebenso wie die Stehohren dem Spitzerbe zu verdanken, ist es, wenn ein Sheltie seine Rute sehr hoch oder sogar über den Rücken gerollt trägt.

Manchmal kommt es auch vor, dass einige der kleinen vorderen Backenzähne fehlen und das Gebiss somit nicht die gewünschte Anzahl von 42 Zähnen aufweist. Dem Hund bereitet dieser Fehler normalerweise keine Probleme. Treten allerdings Gebissfehlstellungen, wie etwa schräg nach vorn statt gerade nach unten wachsende obere Fangzähne oder ein Vor- oder Rückbiss auf, sollten diese unbedingt von einem Tierarzt

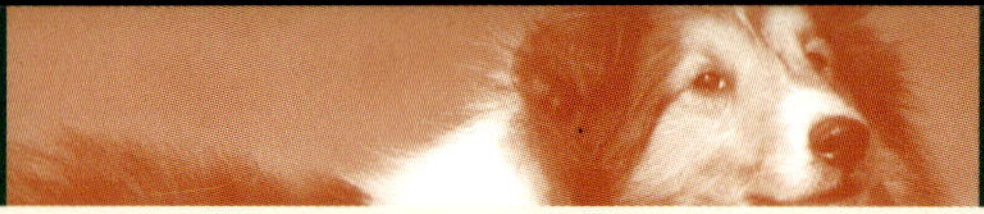

begutachtet und gegebenenfalls behandelt werden, da sie den Sheltie bei der Futteraufnahme beeinträchtigen könnten.

Farbenvielfalt

Ein Großteil der Shelties wird in den Farben Zobel, Tricolour und Blue-Merle geboren. Anerkannte Farben sind zudem Schwarz-Weiß und Bi-Blue; diese beiden Farbschläge sieht man in Deutschland allerdings noch recht selten. Die Farbe Schwarz mit Loh ist ebenfalls eine laut Standard anerkannte Farbe, kommt aber heute gar nicht mehr vor.

Bei allen genannten Farbschlägen sind die collietypischen weißen Abzeichen an Brust, Hals, Beinen und Pfoten, Rutenspitze und als Blesse am Kopf erlaubt. Sie können mehr oder weniger ausgeprägt sein. Insgesamt dürfen aber niemals mehr als 50 Prozent des Fells weiß sein.

Hin und wieder, vor allem bei Shelties aus englischen Zuchtlinien, tritt eine Schwarzfärbung des Vorgesichts auf. Die Schnauze wirkt dann, als sei sie rußig. Dieses Merkmal ist wahrscheinlich den spitzartigen Vorfahren zu verdanken. Es gilt nicht als Fehler.

Die Standardfarben

Zobelfarbene Shelties sind wohl am häufigsten anzutreffen. Oft wird für diese Farbe auch die aus dem Englischen übernommene Bezeichnung „Sable“ verwendet. Die Farbvarianten reichen von hellem Goldbraun bis hin zu sattem Mahagoni.

Ist ein Teil des Deckhaars schwarz, spricht man von Dunkelzobelfarben oder „Dark Sable“. Mit zunehmendem Alter werden dunkelzobelfarbene Shelties immer dunkler, sodass sehr alte Tiere auf dem Rücken fast ganz schwarz erscheinen.

Alle zobelfarbenen Shelties haben eine sogenannte Maske. Dies bedeutet, dass sowohl die Ohren als auch die Partie über den Augen einen etwas dunkleren Farbton aufweisen als das restliche Gesicht. Bei dunkelzobelfarbenen Shelties ist die Maske besonders deutlich zu erkennen.

Shelties in der Farbe Tricolour sind überwiegend schwarz mit mehr oder weniger stark ausgeprägten weißen Abzeichen. Im Gesicht und teilweise auch an den Läufen haben sie zudem lohfarbene Abzeichen. Statt der deutschen Farbbezeichnung Loh hört man häufig auch den englischen Begriff „Tan“. Beide stehen für einen hellen Braunton.

Die Grundfarbe der Blue-Merle-Shelties ist Silbergrau und sollte mit möglichst gleichmäßig verteilten schwarzen Flecken (Marmorierung), die nicht zu groß sein dürfen, durchsetzt sein. Wichtig ist auch, dass das gesamte Fell bläulich schimmert und nicht etwa maus- oder schiefergrau erscheint. Auch der Blue-Merle hat die typischen weißen Abzeichen und die lohfarbenen Abzeichen im Gesicht und manchmal auch an den Läufen.

Die Farben Schwarz-Weiß und Bi-Blue werden auch unter der Bezeichnung Bicolour, also zweifarbig, zusammengefasst. Schwarz-weiße Shelties sind schwarz mit weißen Abzeichen, und das äußere Erscheinungsbild der Bi-Blue-Shelties gleicht dem der Blue-Merles, nur fehlen die lohfarbenen Abzeichen.

Zobelfarben

Blue-Merle

Dunkelzobelfarben

Schwarz-Weiß

Tricolour

Bi-Blue

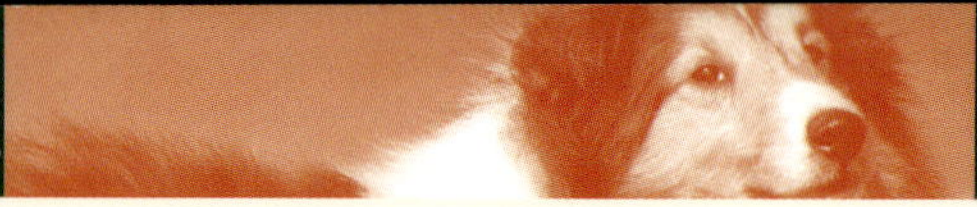

Color-Headed-White

Kennzeichnend für diesen Farbschlag ist, dass die Hunde überwiegend weiß sind, aber immer einen farbigen Kopf und manchmal auch farbige Flecken auf dem Rücken, an den Seiten oder am Rutenansatz haben. Color-Headed-White-Shelties können in allen bereits genannten Farbvarianten vorkommen.

Die FCI und somit auch der VDH erkennen diese Farbe zwar wegen des hohen Weißanteils nicht an, dennoch haben sich einige Züchter in Deutschland den Color-Headed-Whites verschrieben. Wem die Farbe gefällt, der kann sich ruhig für einen dieser Hunde entscheiden, denn sie sind genauso gesund wie andersfarbige Shelties.

Bei Shelties gibt es noch einige weitere, aber selten vorkommende Farbvarianten, die aus unterschiedlichen Gründen von der FCI nicht anerkannt werden. All diese Varianten aufzuzählen, würde hier aber zu weit führen.

Keine „Standard-Shelties“: Color-Headed-White in den Farbvarianten Bi-Blue und Tricolour.

Verboten: Double-Merle

Gemäß dem deutschen Tierschutzgesetz eine Qualzucht und deshalb verboten, ist die Zucht der sogenannten Double-Merles, die oft von Geburt an blind und/oder taub sind oder andere schwere Gendefekte aufweisen. Double-Merles entstehen nur, wenn man zwei Shelties miteinander verpaart, die beide das sogenannte Merle-Gen in sich tragen, beispielsweise eine Blue-Merle-Hündin mit einem Blue-Merle-Rüden. Das Fell der Double-Merles ist weiß mit einem bläulichen Schimmer. Mit den zuvor beschriebenen Color-Headed-Whites haben die Double-Merles nichts gemein: Color-Headed-Whites erkennt man daran, dass sie immer einen farbigen Kopf haben, der nur wenig oder gar kein Weiß aufweisen darf; der Kopf der Double-Merles ist hingegen hellgrau bis weiß.

Charakter

Shelties sind fröhliche, charmante kleine Schelme, die fast immer zu Spiel und Spaß aufgelegt sind, aber ebenso gern stundenlang auf dem Sofa liegen und sich mit Streicheleinheiten verwöhnen lassen. Ihre leichte Erziehbarkeit, ihre Anpassungsfähigkeit und die Aggressionslosigkeit gegenüber Mensch und Tier machen sie zu idealen Begleitern im Alltag.

Personengebunden und reserviert gegenüber Fremden

Der Sheltie orientiert sich stark an seiner Bezugsperson, der er treu ergeben ist und auf deren seelische Verfassung er äußert sensibel reagiert. Manchmal ist seine Fähigkeit zu verstehen geradezu erstaunlich. Er ist ausgelassen und fröhlich, wenn „sein" Mensch gute Laune hat, zurückhaltend, wenn dieser beschäftigt ist, und wirkt sogar traurig und besorgt, wenn es ihm schlecht geht. Ein Sheltie folgt seinem Besitzer wie ein Schatten, egal wohin. Das bedeutet aber nicht, dass er kein Familienhund sein kann. Er wird sich dann allerdings eine Person aussuchen, der er sich besonders eng anschließt.

Fremden gegenüber verhalten sich Shelties eher reserviert, manchmal sogar ein wenig misstrauisch. Das mag darauf zurückzuführen sein, dass sie ursprünglich auf einsamen Bauernhöfen lebten, wo es zu ihren Aufgaben gehörte, als Bewacher von Haus und Hof Fremde grundsätzlich als Eindringlinge zu betrachten und durch Bellen anzumelden oder gleich zu vertreiben. Im Alltag erweist sich diese Zurückhaltung oft als angenehmer Wesenszug, denn kaum ein Sheltie wird beim Spaziergang Passanten belästigen – wen er nicht kennt, dem geht ein Sheltie einfach aus dem Weg.

Shelties gehen mit „ihrem" Menschen eine sehr enge Bindung ein.

Wachsam

Aufmerksamkeit und Wachsamkeit zählen zu den typischen Eigenschaften, die der Sheltie wohl den spitzartigen Hunden unter seinen Vorfahren verdankt. Jede Bewegung und jedes Geräusch im Haus und in der näheren Umgebung wird jederzeit registriert. Selbst dann, wenn Ihr Sheltie gerade in seinem Körbchen ruht und sich so gar nicht für seine Umwelt zu interessieren scheint, sind seine Sinne hellwach.

Wer mit einem Sheltie zusammenlebt, braucht keine Klingel – Besucher werden zuverlässig und meist auch lautstark angekündigt.

Intelligent, temperamentvoll und arbeitseifrig

Shelties sind intelligent und lernbereit und sie lieben die Zusammenarbeit mit ihrem Menschen. Für ein dickes Lob des Besitzers würden sie wirklich alles tun. All das macht die Ausbildung eines Shelties besonders leicht. Neue Übungen werden meist nach wenigen Wiederholungen verstanden und schon bald in den unterschiedlichsten Situationen zuverlässig ausgeführt. Hierbei ist sicher auch die Fähigkeit zu selbstständigem Denken und Handeln von Vorteil, die zu den wichtigsten Eigenschaften eines Arbeitshundes zählt. Shelties sind keine bloßen Befehlsempfänger, sondern arbeiten seit jeher partnerschaftlich mit dem Menschen zusammen. Dabei hilft es ihnen, dass sie ziemlich gut generalisieren können, es ihnen also im Vergleich zu vielen anderen Hunderassen relativ leicht fällt, einmal Gelerntes auf neue Situationen zu übertragen.

Shelties sind fröhlich und temperamentvoll.

Shelties sind sehr temperamentvolle Hunde. Wenn sie in Bewegung sind, ist immer „Action“ angesagt. Das ist wohl der größte Unterschied zu ihren als eher ruhig und bedächtig geltenden „großen Brüdern“, den Langhaarcollies. Als zwanghafte „Workaholics“, wie ihre ebenfalls nahen Verwandten, die Border Collies, oft genannt werden, kann man Shelties aber trotz ihres Temperaments und unermüdlichen Arbeitseifers wohl eher nicht bezeichnen. Sie arbeiten gern, sind jedoch weniger fixiert auf ihr Tun und insgesamt meist deutlich gelassener.

Zurückhaltend neugierig

Es gibt fast nichts, das einen Sheltie nicht interessieren würde. Neugierig möchte er alles Unbekannte gründlich untersuchen. Allerdings geschieht das immer mit einer gewissen Vorsicht und Zurückhaltung und nur dann, wenn Herrchen oder Frauchen in der Nähe sind und man sich notfalls dorthin flüchten könnte – mutiges Draufgängertum ist nämlich nicht die Sache eines Shelties.

Ein Traumhund für jedermann!?

Diese Frage lässt sich grundsätzlich mit einem Ja beantworten. Ganz gleich, ob Sie sich „nur" einen ständigen Begleiter, einen liebenswerten Familienhund oder einen agilen Sportpartner wünschen – Shelties sind echte Allrounder, die all das für Sie sein können. Immer vorausgesetzt, dass auch Sie Ihren Teil dazu beitragen und Ihrem Sheltie ein artgerechtes Leben bieten.

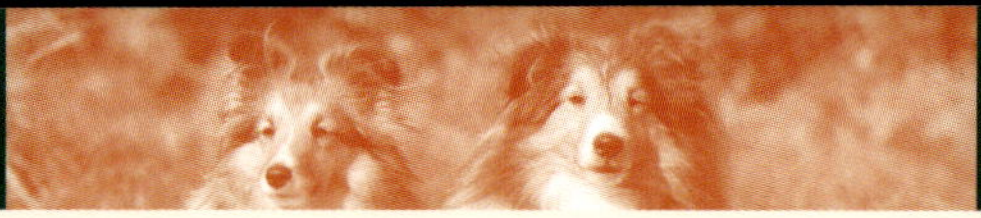

Wer passt zu einem Sheltie?

Für zukünftige Sheltiehalter gilt grundsätzlich das Gleiche wie für alle zukünftigen Hundehalter: Einen Hund anschaffen sollte sich nur, wer bereit und in der Lage ist, sich viele Jahre lang um seinen vierbeinigen Freund zu kümmern und ihm täglich ausreichend Beschäftigung für Geist und Körper zu bieten.

Darüber hinaus stellen Shelties keine besonders hohen Ansprüche an ihren Besitzer. Zu Hause sind sie ruhige und angenehme Mitbewohner. Sie finden Platz in der kleinsten Hütte, am liebsten auf dem Sofa, und sind mit fast allem glücklich und zufrieden, solange sie nur in der Nähe „ihres" Menschen sein dürfen. Auch draußen wird man mit den verträglichen Zeitgenossen kaum Probleme haben.

Shelties brauchen nicht unbedingt täglich ein ausgefeiltes Denksport- und Fitnessprogramm. Ausreichend Abwechslung und Action muss allerdings schon sein, denn man darf nicht vergessen, dass sie ursprünglich Arbeitshunde waren. Zwar trifft man heute nur noch selten einen Sheltie bei der Arbeit mit Schafen an, die hohe Leistungsbereitschaft und die Energie sind diesen Hunden aber nach wie vor erhalten geblieben. Dem sollte der verantwortungsvolle Sheltiebesitzer Rechnung tragen, denn auch wenn das Sofa zu ihren Lieblingsplätzen zählt, sind Shelties keinesfalls für ein Leben als reine Sofahunde geschaffen.

Shelties zeichnen sich besonders durch ihre Vielseitigkeit und durch ihre enorme Anpassungsfähigkeit aus. Sie können ihr Leben deshalb mit ganz unterschiedlichen Menschen teilen. Wer sich für Hundesport begeistert, wird seine reine Freude an einem Sheltie haben. Die flinken und intelligenten Vierbeiner sind ideale Partner für fast alle modernen Hundesportarten. Shelties sind aber auch ausdauernde Begleiter für ausgedehnte Spaziergänge und zudem wunderbare Familienhunde. Zwar wird, wie bereits gesagt wurde, die „wahre Liebe" eines Shelties meist nur einer bestimmten Person gelten, er ist aber allen anderen Familienmitgliedern freundlich zugetan und lässt sich nur zu gern von ihnen verwöhnen. Seine Lebhaftigkeit und sein freundliches Wesen machen einen gut sozialisierten und erzogenen Sheltie zu einem tollen Freund und Spielkameraden für Ihre Kinder.

Kinder und Shelties können dicke Freunde werden.

Sheltiehündinnen sind oft etwas kleiner und zierlicher als Rüden. Im Wesen unterscheiden sich beide Geschlechter aber kaum.

Ob Sie bereits Hundeerfahrung haben, spielt bei der Anschaffung eines Shelties keine große Rolle. Auch wer sich zum ersten Mal den Traum vom eigenen Hund erfüllen möchte, kann sich ruhig für einen Sheltie entscheiden. Dank ihres anhänglichen und freundlichen Wesens und ihrer Leichtführigkeit machen es diese Hunde dem unerfahrenen Hundefreund nicht allzu schwer.

Wer also einen fröhlichen und aktiven Hausgenossen sucht, der immer dabei und für jeden Spaß zu haben ist, und wer bereit ist, ihm diesen Spaß zu bieten, der wird mit einem Sheltie sicher glücklich werden.

Hündin oder Rüde?

Hündinnen gelten im Allgemeinen als anhänglicher, anschmiegsamer und leichter erziehbar als Rüden, die häufig als unabhängiger und selbstbewusster beschrieben werden. Diese Unterschiede sind beim Sheltie kaum wahrnehmbar. In aller Regel sind die Rüden genauso sensibel, verschmust und leichtführig wie die Hündinnen. Das soll nun aber nicht heißen, dass alle Shelties gleich sind. Wie bei allen Hunderassen kann man auf ganz verschiedene Persönlichkeiten treffen – mit dem Geschlecht hat das allerdings selten etwas zu tun.

Es hängt also in erster Linie von Ihren Vorlieben ab, ob Sie sich für einen Rüden oder für eine Hündin entscheiden. Einen großen Unterschied gibt es aber doch: Hündinnen werden mindestens einmal, oft sogar zweimal pro Jahr für etwa drei Wochen läufig. Deshalb ist es durchaus von Vorteil, sich vor der endgültigen Entscheidung genauer in der eigenen Wohngegend umzuschauen, um herauszufinden, ob in der näheren Umgebung mehr Rüden oder mehr Hündinnen leben. Ein wenig nervenaufreibend ist es nämlich schon, wenn man sich mit seiner läufigen Hündin jedes Mal vor liebestollen Rüden in Acht nehmen muss, sobald man mit der verführerisch riechenden Dame das Haus verlässt. Falls Sie vorhaben, mit Ihrem Sheltie Hundesport zu treiben, sollten Sie auch bedenken, dass läufige Hündinnen normalerweise Hundeplatzverbot haben und Sie Ihr Training in der Zeit der Läufigkeit in den Garten oder in die freie Natur verlegen müssen.

Mit Rüden hat man diese Probleme zwar nicht, sie sind aber das ganze Jahr über paarungsbereit und immer an wohlriechenden Hundedamen interessiert. Selbst der besterzogene Sheltierüde kann seinen Gehorsam durchaus vergessen, wenn er einer läufigen Hündin begegnet. Auch das ausgeprägte Markierverhalten der Rüden ist nicht jedermanns Sache.

Welpe oder erwachsener Sheltie?

Auch diese Entscheidung liegt ganz allein in Ihrem Ermessen. Es ist eine wunderschöne Erfahrung, einen tollpatschigen und quirligen Welpen auf seinem Weg zum gut erzogenen, fast alles verstehenden Sheltie zu begleiten. Wenn man von Anfang an alles gemeinsam erlebt, ist das die beste Voraussetzung für eine besonders enge Bindung zwischen Mensch und Hund. Allerdings darf man nicht vergessen, dass die Betreuung und Erziehung eines Welpen viel Mühe, Zeit und Geduld erfordern.

Entscheiden Sie sich für einen erwachsenen Hund, sollten Sie besonders sorgfältig überlegen, was Sie von dem Hund erwarten und was Sie ihm bieten können. Mit etwas Glück findet sich ein gut erzogener Sheltie, der aus irgendeinem Grund nicht mehr in seinem bisherigen liebevollen Zuhause bleiben kann. Das ist die ideale Gelegenheit für alle, denen die nötige Zeit für die Erziehung eines Welpen fehlt. Nach einer meist recht kurzen Eingewöhnungszeit wird sich ein solcher Sheltie relativ problemlos in Ihren

Ein süßer kleiner Frechdachs.

Alltag integrieren. Wenn Sie allerdings einem Sheltie mit unbekannter Vorgeschichte ein neues Zuhause geben wollen, müssen Sie damit rechnen, dass er anfangs ebenso viel Zeit in Anspruch nehmen wird, wie ein Welpe. Vielleicht hat er schon schlechte Erfahrungen mit Menschen gemacht, oder er wurde bisher falsch oder einfach gar nicht erzogen. Dann müssen Sie viel Geduld, Feingefühl und Verständnis aufbringen, um ihn behutsam an sein neues Leben zu gewöhnen.

Für welche Alternative Sie sich auch entscheiden, die Mühe lohnt sich. Ein Sheltie wird Ihnen all seine Liebe schenken, egal ob Sie ihn als Welpen zu sich genommen haben oder ob er erst als erwachsener Hund bei Ihnen eingezogen ist. Manchmal dauert es eben nur ein bisschen länger.

Sheltiewelpen nur vom guten Züchter

Wo finde ich einen guten Züchter? Woher bekomme ich einen wesensfesten und gesunden Sheltiewelpen? Wenn die Entscheidung für einen Sheltie gefallen ist, werden Sie sich diese beiden einfachen und nachvollziehbaren Fragen sicher stellen – allerdings gibt es darauf leider keine ebenso einfache Standardantwort.

Ein guter Züchter vermehrt nicht irgendwelche Hunde, um Geld zu verdienen, sondern die Zucht seiner geliebten Rasse ist sein Hobby, dem er seine gesamte Aufmerksamkeit widmet. Er wählt seine Zuchttiere sorgfältig aus und gibt sich viel Mühe mit der Sozialisation und Erziehung der Welpen und Junghunde. Ein seriöser Züchter

Drei Wochen alte Welpen sind noch auf die Fürsorge ihrer Mutter angewiesen.

wird seine Hunde nicht vor Ihnen verstecken, sondern Ihnen gern und voller Stolz seine Zuchttiere vorstellen. Es ist selbstverständlich, dass Sie die Mutter der Welpen kennenlernen. Sie kümmert sich ja mindestens acht Wochen lang um ihren Nachwuchs. Nicht immer ist der Vater vor Ort, denn nicht jeder Züchter hat eigene Deckrüden. Aber sicherlich zeigt man Ihnen ein Foto des Vaters und kann Ihnen etwas über dessen Eigenschaften erzählen.

Gehört ein Züchter einem dem VDH angeschlossenen Zuchtverein an, ist das ein Zeichen dafür, dass er seine Aufgabe ernst nimmt und dass seine Zucht regelmäßig von einem entsprechend ausgebildeten Zuchtwart kontrolliert wird. Es gibt aber auch zahlreiche weitere Züchter, die sich in anderen Vereinen und Verbänden organisiert haben und ihre Zucht durch deren Zuchtwarte überwachen lassen. Sie kümmern sich nicht minder um das Wohl ihrer Zuchthunde und Welpen.

Nur Welpen von VDH-Züchtern erhalten offiziell von der FCI anerkannte Papiere. Alle anderen Vereine stellen ebenfalls Ahnentafeln aus, die allerdings von der FCI nicht anerkannt werden. Ob Ihr Welpe Papiere haben soll, und wenn ja, welche, müssen Sie selbst entscheiden. Eine große Rolle spielt das erst, wenn Sie züchten

Sheltiewelpen brauchen unbedingt vom ersten Tag an Familienanschluss.

oder Ihren Hund ausstellen wollen, oder falls Sie und Ihr Sheltie es in einer Hundesportart mal zur Weltmeisterschaftsreife bringen, denn dort dürfen nur Hunde mit FCI-Papieren starten.

Papiere sind ein Hinweis auf eine gute Zuchtstätte und zeigen, dass es sich tatsächlich um einen reinrassigen Hund handelt. Ein Garantieschein für einen gesunden und gut aufgezogenen Welpen sind sie aber leider nicht – Sie müssen sich in erster Linie auf Ihren persönlichen Eindruck verlassen. Viel wichtiger als ein Stück Papier ist die Gesundheit der Welpen und das Umfeld, in dem sie aufwachsen. Schauen Sie sich die Tiere und die Zuchtstätte deshalb genau an. Achten Sie auf gepflegtes Fell und klare Augen. Anzeichen für Nasenausfluss oder Durchfall sollten nicht zu erkennen sein. Geht der Züchter freundlich und ruhig mit seinen Hunden um? Wie reagieren die Hunde auf ihn und wie auf fremde Personen? Leben Mutter und Welpen mit im Haus? Gerade Sheltiewelpen brauchen nämlich unbedingt Familienanschluss. Sie sollten vom ersten Tag an mit Alltagsgeräuschen wie denen von Fernseher, Radio, Staubsauger, Türklingel und spielenden und lärmenden Kindern aufwachsen. Das ist bei so einer sensiblen und recht lärmempfindlichen Rasse äußerst wichtig.

Leben die Welpen draußen im Zwinger, sind die Hunde schmutzig und ungepflegt oder wirken sie sehr zurückhaltend oder gar ängstlich, ist das kein gutes Zeichen. In diesem Fall sollten Sie Ihre Suche nach einer geeigneten Zuchtstätte lieber fortsetzen.

Niemals, auch nicht aus Mitleid, sollte man Welpen bei kommerziellen Züchtern, die gleich mehrere Hunderassen „im Angebot" haben, oder gar bei Hundehändlern kaufen, denen es offensichtlich nicht auf die Gesundheit der Tiere, sondern nur auf das schnelle Geld ankommt. Händler importieren oft ganze Würfe aus dem Ausland, um sie hier zu verkaufen, manchmal direkt aus dem Kofferraum. Diese Welpen sind im ersten Moment vielleicht billiger, das beim Kauf gesparte Geld trägt man hinterher aber mehrfach zum Tierarzt. Meist wurden die Welpen viel zu früh von der Mutter getrennt und sind weder geimpft noch entwurmt. Viele sind traumatisiert oder krank, nicht wenige sterben sogar kurz nach dem Kauf.

Stehohren sind für einen Zuchthund ein Manko, aber einen guten Freund sucht man sich ja nicht nach den Ohren aus.

Hier finden Sie erwachsene Shelties

Wenn Sie einen erwachsenen Sheltie suchen, sollten Sie nicht nur an die bekannten Stellen wie Tierheime oder Tierschutzorganisationen denken, zumal Shelties glücklicherweise nicht zu den Rassen zählen, die man dort häufig finden wird. Auch die Nachfrage beim Züchter kann sich lohnen. Manchmal kommt es vor, dass ein vielversprechender Welpe später doch nicht alle Kriterien für die Zucht erfüllt und deshalb ein neues Zuhause für ihn gefunden werden muss. Das ist eine prima Gelegenheit, einen älteren, gut sozialisierten und liebevoll aufgezogenen Hund zu erwerben.

Ein Sheltie zieht ein

Es ist so weit. Ihr Sheltiewelpe ist jetzt zwischen acht und zehn Wochen alt und Sie können ihn endlich zu sich nach Hause holen. Auf diesen großen Moment sollten Sie sich gut vorbereiten. Was im Folgenden beschrieben wird, gilt im Übrigen auch mehr oder weniger für den Einzug eines erwachsenen Shelties. Wahrscheinlich ist dieser zwar schon stubenrein und er kann vielleicht auch schon früher als ein Welpe eine Zeit lang allein bleiben, aber auch er muss sich erst bei Ihnen eingewöhnen und braucht in den ersten Tagen oder Wochen Ihre besondere Aufmerksamkeit und Zuwendung.

Vorbereitungen

Vor der Abholung sollten Sie einiges für den Einzug Ihres neuen Familienmitglieds vorbereiten. Stellen Sie Futter- und Wassernapf an die gewünschte Stelle und richten Sie mit einem Körbchen oder einer Decke den zukünftigen Ruheplatz ein, am besten an einer geschützten Stelle, an der nicht ständig jemand vorbeiläuft. Günstig sind beispielsweise Zimmerecken.

Fragen Sie unbedingt Ihren Züchter, welches Futter die Welpen bekommen, und besorgen Sie dieses jetzt schon. Manche Züchter werden Ihnen auch einige Rationen des gewohnten Futters für die ersten Tage mitgeben, aber darauf sollten Sie sich nicht verlassen. Falls Sie ein anderes Futter bevorzugen, muss die Umstellung langsam erfolgen, und auch erst dann, wenn sich der Welpe schon ein bisschen eingewöhnt hat – alles andere wäre eine allzu große Belastung für das empfindliche Verdauungssystem eines Hundebabys.

Überlegen Sie sich auch, wo Ihr Sheltie in Zukunft die Nächte verbringen soll. Der beste Platz ist auf jeden Fall Ihr Schlafzimmer. Hunde sind nun einmal Rudeltiere und Sie sind jetzt das Rudel Ihres neuen Gefährten. Gerade ein Sheltie, der sich besonders eng an seinen Besitzer bindet, wird sich nicht so recht wohlfühlen, wenn er die ganze lange Nacht ohne Sie verbringen muss. Ob Sie auch Ihr Bett mit dem Hund teilen wollen, sollten Sie sich allerdings gut überlegen, denn was Sie einmal erlauben, lässt sich nur schwer wieder rückgängig machen.

Ihr Sheltiewelpe war bisher die ständige Nähe seiner Geschwister gewohnt. Lassen Sie ihn deshalb in der ersten Zeit im neuen Zuhause nicht allein.

Egal wo Sie den Schlafplatz für Ihren Sheltie eingerichtet haben, grundsätzlich gilt: Lassen Sie den Welpen in den ersten Nächten nicht allein! Er war bisher die Nähe seiner Mutter und seiner Geschwister gewohnt, und sich plötzlich mit stundenlanger Einsamkeit abfinden zu müssen, wäre ein unzumutbarer Schock. Zudem hat es den Vorteil, dass Sie mitbekommen, wenn er nachts einmal nach draußen muss. Soll Ihr Sheltie später nicht im Schlafzimmer schlafen, dann müssen Sie die erste Zeit eben zu ihm ziehen und ihn nach einer Weile Schritt für Schritt an Ihre Abwesenheit gewöhnen.

Die ersten Tage im neuen Zuhause

Holen Sie Ihren Sheltiewelpen wenn möglich am Vormittag ab, damit er nach seiner Ankunft noch genügend Zeit hat, sich an die veränderte Situation zu gewöhnen. Die Trennung von seiner Mutter und seinen Geschwistern wird ihn bestimmt verunsichert haben, aber Sheltiewelpen sind von Natur aus neugierig, und bald schon wird Ihr Hundekind mit der Erkundung seiner neuen Umgebung beginnen und darüber seinen Trennungsschmerz vergessen.

Lassen Sie den Welpen in den ersten Tagen so wenig wie möglich, am besten gar nicht, allein. Inspizieren Sie mit ihm gemeinsam alle Räume im Haus sowie den Garten und spielen Sie zwischendurch ein bisschen mit ihm, denken Sie aber daran, dass Ihr Hundekind noch viel Ruhe und Schlaf braucht.

Gewöhnen Sie den kleinen Sheltie auch schon an seinen Namen: Rufen Sie ihn immer mal wieder mit freundlicher und leiser Stimme bei seinem Namen und loben Sie ihn überschwänglich, wenn er darauf reagiert und herankommt.

Etwa alle zwei Stunden und vor allem nach jedem Spielen, Fressen und Schlafen sollten Sie Ihrem Hundebaby die Möglichkeit geben, sich zu lösen. Bringen Sie den kleinen Sheltie dazu an einen bestimmten Platz im Garten und loben Sie ihn, wenn er dort sein Geschäft verrichtet hat. Auch wenn Sie beobachten, dass sich der Welpe mit gesenkter Schnauze im Kreis dreht und an einer Stelle ganz besonders interessiert scheint, sollten Sie ihn schnellstmöglich nach draußen zu seinem Löseplatz begleiten. Wenn Sie das ein paar Tage lang konsequent machen, haben Sie sehr bald einen stubenreinen Sheltie.

Wissenswertes zum Sheltiefell

Als Welpen haben Shelties ein flauschiges, noch recht kurzes Fell, bis im Alter von etwa vier Monaten der Fellwechsel beginnt. Zuerst macht das Welpenfell entlang der Rückenlinie dem langen glatten Deckhaar Platz. Als Nächstes breitet es sich über die Seiten aus, etwas später wächst es auch an der Brust, und langsam entsteht so der typische Kragen. An der Rute wird das Fell immer länger – es wächst die sogenannte Fahne. Am ganzen Körper bildet der Sheltie seine dichte Unterwolle aus. In der Zeit des Fellwechsels wird es die eine oder andere Phase geben, in der Ihr Sheltie wie ein ziemlich hässliches kleines

Entlein aussieht. Aber keine Sorge – spätestens nach einem Jahr hat er sich zu einem hübschen Schwan entwickelt. Voll ausgeprägt ist das Fell dann aber noch nicht. Bei einem Rüden dauert das drei bis vier Jahre, bei der Hündin ungefähr zwei Jahre.

Sowohl Rüde als auch Hündin wechseln ihr Erwachsenenfell regelmäßig. Die alte, abgestorbene Unterwolle wird abgestoßen und neue wächst nach. Rüden kommen zweimal im Jahr in den Fellwechsel, einmal im Frühjahr und einmal im Herbst. Hündinnen wechseln das Fell nicht nur mit den Jahreszeiten, sondern auch immer etwa vier Monate nach jeder Läufigkeit und wenn sie gerade Welpen geworfen haben. Meist haaren Hündinnen im Fellwechsel deutlich stärker als die Rüden, vor allem nach einem Wurf kann eine Sheltiehündin so viel Fell verlieren, dass sie fast kurzhaarig ist. Die Haarmengen, die ein Sheltie im Fellwechsel verliert, sind manchmal enorm, das ist aber kein Grund zur Besorgnis, denn schon nach einigen Wochen ist ja neues Fell nachgewachsen. Um den Fellwechsel zu unterstützen und etwas zu beschleunigen, kann man Präparate geben, die Biotin und Hefe enthalten.

Shelties haaren übrigens nicht nur im Fellwechsel, sondern das ganze Jahr über. Sie müssen sich also darauf einstellen, immer und überall Haare zu finden. Allerdings lassen sich die längeren Haare des Shelties besser von Kleidung oder Möbelstücken entfernen als die mancher kurzhaarigen Rassen. Man kann sie ganz leicht abbürsten.

Junge Shelties sehen im Fellwechsel manchmal ziemlich zerzaust aus.

Alltag mit dem Sheltie

Wer sich vom ersten Tag an um eine gute Sozialisation und konsequente Erziehung seines Shelties kümmert, darf sich später über einen treuen und verständigen Begleiter in allen Lebenslagen freuen, der sich (fast) immer von seiner Schokoladenseite zeigt.

Das kleine Einmaleins der Sheltieerziehung

Mit ein bisschen Übung wird der Stadtbummel mit dem Sheltie bald ein entspanntes Vergnügen sein.

Shelties kann man mit Recht als leicht erziehbar bezeichnen. Der „will to please" ist bei diesen Hunden sehr ausgeprägt, sie möchten ihrem Besitzer gern alles recht machen und versuchen, ihm jeden Wunsch von den Augen abzulesen. Wer mit Liebe und Geduld mit seinem Sheltie arbeitet, wird bei der Grunderziehung wohl kaum auf größere Schwierigkeiten stoßen und sich schnell über tolle Erfolge freuen können. Dank ihrer Lernbereitschaft und schnellen Auffassungsgabe haben die meisten Shelties die im Alltag notwendigen Anstandsregeln bereits nach wenigen Übungseinheiten verinnerlicht.

Mit übertriebener Strenge oder Ungerechtigkeit hingegen können Shelties gar nicht umgehen. Für die sensiblen Vierbeiner ist meist schon ein strenger Blick des Besitzers Strafe genug, und mehr sollte auch nicht nötig sein.

Welpenschule

Sobald sich Ihr Welpe bei Ihnen eingelebt hat, sollten Sie mit ihm regelmäßig eine Welpenstunde in einer guten Hundeschule besuchen. Dort kann er mit gleichaltrigen Hunden spielen und seine Kräfte erproben. Das ist sehr wichtig, denn junge Hunde müssen den richtigen Umgang mit ihren Artgenossen erst noch lernen, und da nun Mutter und Geschwister fehlen, müssen Sie für Ersatz sorgen.

Am besten schauen Sie sich schon bevor Ihr Welpe einzieht verschiedene Hundeschulen an und sprechen dort mit den zuständigen Trainern. In einer guten Hundeschule wird man sich mit den Bedürfnissen der unterschiedlichen Rassen auskennen und die Welpengruppen dementsprechend zusammenstellen. Ein erfahrener Trainer wird das Spiel der jungen Hunde „moderieren" und wenn nötig eingreifen. Er steht Ihnen auch bei allen Fragen rund um Ihr neues Familienmitglied zur Verfügung und zeigt Ihnen, wie Sie dem Welpen spielerisch die wichtigsten Grundkommandos beibringen.

Das Spiel mit gleichaltrigen Welpen fördert die Entwicklung eines guten Sozialverhaltens gegenüber Artgenossen.

Keinesfalls sollten Sie mit Ihrem Sheltie eine Welpenstunde besuchen, in der die Hunde einfach nur eine Stunde ohne Anleitung herumtollen. Ebenfalls ungeeignet sind Welpengruppen, die außer Ihrem Zwerg nur aus Welpen großer Rassen bestehen. Shelties sind sehr sensibel, und es ist ihrer psychischen Entwicklung alles andere als zuträglich, wenn sie permanent von körperlich deutlich überlegenen Artgenossen „untergebuttert“ werden.

Sozialisation mit Menschen

Dass Shelties sich Fremden gegenüber eher zurückhaltend zeigen, wurde im Kapitel über den Charakter bereits erwähnt. Damit aus Ihrem Welpen trotzdem ein freundlicher und dem Menschen zugewandter Hund wird, und seine Zurückhaltung nicht eines Tages in Angst umschlägt, sollte er von Anfang an unterschiedlichste Menschen kennenlernen und möglichst nur positive Erfahrungen mit ihnen machen. Das heißt aber nun nicht, dass Sie ihn gleich vom ersten Tag an mit all Ihren Freunden konfrontieren sollen. Damit würden Sie Ihren Sheltie vollkommen überfordern und das Gegenteil erreichen. Lassen Sie ihm Zeit, sich einzugewöhnen und Vertrauen zu Ihnen aufzubauen. Vermeiden Sie jeglichen Rummel, auch wenn Nachbarn, Freunde und Familie noch so neugierig auf den Familienzuwachs sind. Erst wenn sich Ihr Sheltie richtig zu Hause fühlt, kann er nach und nach immer mehr Menschen kennenlernen. Ermutigen Sie ihn bei diesen Begegnungen, auf die fremden Personen zuzugehen und sich auch einmal streicheln zu lassen, aber haben Sie dabei Geduld und respektieren Sie seine anfängliche Zurückhaltung.

Warten

Warten ist für einen temperamentvollen jungen Sheltie eine der schwierigsten, aber auch eine der wichtigsten Übungen. Letzteres wird klar, wenn man sich vor Augen führt, wie oft der Sheltie in seinem Leben zu warten haben wird: bevor man ihn anleint, bevor er zur Tür hinein- oder hinausgehen oder ins Auto oder aus dem Auto darf, und bevor es ihm erlaubt wird, mit seinen Artgenossen zu spielen oder sein Futter zu fressen, um nur einige Situationen zu nennen.

Am leichtesten und schnellsten lernt Ihr Sheltie, sich in Geduld zu üben, wenn Sie ihn schon im Welpenalter für jedes Abwarten belohnen – und seien es auch nur einige Sekunden gewesen. Verknüpfen Sie diese Übung mit einem Hörzeichen, indem Sie jedes Mal, wenn er sie ausführt, ein bestimmtes Wort sagen, beispielsweise „Warte“. Ein Wartesignal ist auch beim Empfang von Besuchern vorteilhaft. Sie können Ihrem Sheltie damit sagen, dass er an einem bestimmten Platz abwarten muss, bis Sie den Besuch in Ruhe begrüßt haben. Erst danach kommt er an die Reihe.

Erziehungstipp

Bitte machen Sie nicht den Fehler, alle Besucher zuerst und am besten gleich noch an der Haustür den süßen kleinen Sheltiewelpen begrüßen zu lassen. Ihr Sheltie wird daraus ganz schnell schlussfolgern: Hey, der Besuch kommt extra wegen mir! Schon bald werden Sie dann mit ihm um die Wette zur Tür laufen, und glauben Sie bloß nicht, Sie könnten dieses Rennen gewinnen.

Allein bleiben

Das Alleinbleiben ist für Ihren Sheltie ebenfalls keine leichte Übung, denn er möchte Sie ja am liebsten auf Schritt und Tritt überallhin begleiten. Aber auch im Leben eines Shelties wird es immer wieder einmal vorkommen, dass er ein Weilchen auf seinen geliebten Menschen verzichten muss. Je früher er das lernt, desto weniger Schwierigkeiten wird es ihm bereiten.

Gewöhnen Sie den Welpen deshalb ab dem ersten Tag an gelegentliches Alleinsein. Am besten nutzen Sie dazu seine Schlafphasen. Wenn sich Ihr kleiner Sheltie satt, müde und zufrieden hingelegt hat, verlassen Sie den Raum für ganz kurze Zeit und kommen gleich darauf wieder zurück. Verlängern Sie Ihre Abwesenheitszeiten allmählich und gehen Sie auch mal aus der Haustür und nicht nur aus dem Zimmer. Für Ihren Sheltie wird es bald zum ganz normalen Alltag gehören, dass Sie manchmal ohne ihn gehen. Er weiß ja, dass Sie immer wiederkommen.

Mit dem Lieblingsspielzeug fällt das Alleinbleiben nicht ganz so schwer.

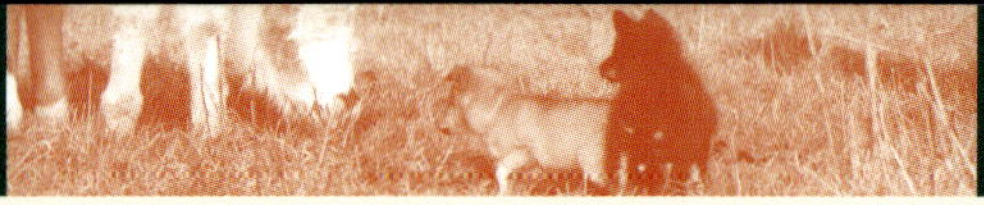

Psssst!

Shelties sind äußerst wachsam und es ist vollkommen normal, dass sie Besucher lautstark melden. Ein kurzes Bellen kann man tolerieren, damit daraus aber kein nervtötendes Dauerkläffen wird, sollten Sie Ihren Welpen von Anfang an konsequent für ruhiges Verhalten in „bellverdächtigen“ Situationen belohnen.

Wenn Sie das „Nichtbellen“ gezielt üben wollen, können Sie beispielsweise Bekannte bitten, an der Tür zu klingeln, während Sie sich im Haus mit Ihrem Sheltie beschäftigen. Bellt er bei dem Klingelton nicht, sondern konzentriert sich weiter auf Sie, wird er sofort belohnt.

Einen gut erzogenen Sheltie kann auch ein kleines Kind mal an der Leine führen. Aber nur, wenn ein Erwachsener in der Nähe ist.

Shelties und Kinder

Shelties sind tolle Familienhunde und können die besten Freunde der Kinder werden. Ihr Temperament macht sie zu unermüdlichen Spielgefährten, sie lieben Streicheleinheiten und Zuwendung, und dank ihrer geringen Größe wirken sie auch auf kleine Kinder nicht bedrohlich.

Ihr Sheltie kann Ihrem Kind aber nur dann ein liebevoller, sanftmütiger und geduldiger Gefährte sein, wenn er von Anfang an ausschließlich positive Erfahrungen mit Kindern macht. Achten Sie also darauf, dass Ihr Kind respektvoll mit dem Hund umgeht und sich nur mit ihm beschäftigt, wenn dieser es auch möchte. Bereits sehr kleine Kinder können lernen, dass ein Hund nicht an Rute oder Ohren gezogen werden darf, dass seine Futterschüssel tabu ist und dass man ihn in Ruhe lassen muss, wenn er von sich aus weggeht und sich auf seinen Schlafplatz zurückzieht. Diese einfachen Regeln sind die Basis für eine harmonische Kind-Hund-Beziehung.

Bitte nehmen Sie einen Sheltie keinesfalls nur deshalb bei sich auf, weil Ihr Kind ihn so niedlich findet und sich doch so sehr einen Hund wünscht. Sie selbst müssen hinter der Entscheidung für einen Hund stehen und sich im Klaren darüber sein, dass die Erziehung und das Wohlergehen des Shelties allein in Ihrer Verantwortung liegen.

Shelties und andere Tiere

Anderen Tieren gegenüber zeigen sich Shelties in der Regel nicht aggressiv oder gar jagdpassioniert, sondern eher vorsichtig und zurückhaltend. Wenn er seine tierischen Mitbewohner bereits im Welpenalter kennenlernt, ist für den Sheltie das Zusammenleben mit Katze, Meerschweinchen oder Wellensittich normalerweise kein Problem und mancher Sheltiehalter kann sogar von wundersamen Freundschaften berichten.

Wer beim Spaziergang an weidenden Pferden, Rindern, Schafen oder Ziegen vorbeikommt, hat in der Regel ebenfalls keine Schwierigkeiten zu erwarten. Weil der Hütetrieb bei den meisten Shelties nicht sehr ausgeprägt ist, werden diese Tiere oft nicht einmal beachtet oder höchstens neugierig beschnüffelt.

Allein, zu zweit oder im Rudel?

Sheltiebesitzer teilen ihr Leben auffällig häufig gleich mit mehreren Shelties. Diese Hunde scheinen geradezu süchtig zu machen.

Weil Shelties im Allgemeinen sehr verträglich sind und sich untereinander ausgesprochen gut verstehen, ist die Haltung mehrerer Shelties in der Regel unkompliziert. Widerstehen Sie aber

Hier hat die Neugier gesiegt. Mutig nähern sich die beiden Welpen den aus ihrer Perspektive riesigen Eseln.

Wenn jedes Familienmitglied „seinen“ Sheltie hat, kommt keiner zu kurz.

bitte der Versuchung, gleich zwei Welpen mit nach Hause zu nehmen. Sicher, zwei Sheltiebabys sind doppelt so süß wie eines, ihre Erziehung fordert aber auch den doppelten Einsatz. Denken Sie erst dann an einen zweiten Hund, wenn Ihr erster Sheltie alltagstauglich ist und Sie eine stabile Bindung zu ihm aufgebaut haben.

Wenn es nach einiger Zeit noch ein dritter und ein vierter Sheltie sein sollen, ist auch das für die bereits im Haushalt lebenden Hunde normalerweise kein Problem. Shelties sind ausgesprochen gesellig und leben gern in einem kleinen Rudel. Sie werden ihren Menschen deswegen nicht weniger lieben, aber in mancherlei Hinsicht ist dieser nun einmal kein guter Ersatz für vierbeinige Gesellschaft.

Die Haltung mehrerer Hunde sollten Sie allerdings nur dann in Betracht ziehen, wenn Sie die Zeit und Energie haben, jedem von ihnen die erforderliche Aufmerksamkeit zu widmen. Es ist ein leider weitverbreiteter Irrtum, dass mehrere Hunde weniger Arbeit machen und weniger Zuwendung brauchen, weil sie sich miteinander beschäftigen. Das Gegenteil ist der Fall: Mehrere Hunde verursachen definitiv mehr Arbeit und auch höhere Kosten als ein Hund. Dessen muss man sich bewusst sein.

Mit dem Sheltie unterwegs

Dank seines netten Aussehens und seiner handlichen Größe ist ein gut erzogener Sheltie fast überall gern gesehen. Ob Stadtbummel, Restaurantbesuch oder Urlaub im Hotel, selten werden Sie erleben, dass Ihr tierischer Begleiter nicht willkommen ist.

Am wohlsten fühlt sich der Sheltie draußen in der Natur, und das bei jedem Wetter. Sein nach wie vor an das raue Klima der Shetlandinseln angepasstes Fell bietet ihm den perfekten Schutz vor Regen, Wind und Kälte, aber auch hochsommerliche Temperaturen verträgt ein gesunder Sheltie problemlos. Dennoch sollten Sie die Spaziergänge an sehr heißen Tagen in die kühleren Morgen- und Abendstunden verlegen – mit körperlicher Aktivität bei großer Hitze tun Sie weder sich selbst noch Ihrem Hund einen Gefallen.

Tipp

Wasser, Sand und Schlamm scheinen eine geradezu magische Anziehungskraft auf Shelties auszuüben. Ganz sauber wird Ihr Sheltie nach einem Spaziergang im Schmuddelwetter oder einem sommerlichen Badeausflug deshalb nicht mehr sein. Wenn Sie bei Rückkehr seine Füße säubern und das Fell mit einem Handtuch abreiben, ist er aber schon fast wieder wohnzimmertauglich. Weil Sheltiefell sozusagen selbstreinigend ist und der Schmutz in trockenem Zustand einfach abfällt, sollte sich Ihr Sheltie danach noch eine Weile auf seinem Platz ausruhen, damit sich Sand und anderer Dreck nicht großflächig im Haus verteilen. So müssen Sie später nur an einer Stelle saugen.

Nach dem Schwimmen lieben Shelties ein ausgiebiges Sandbad.

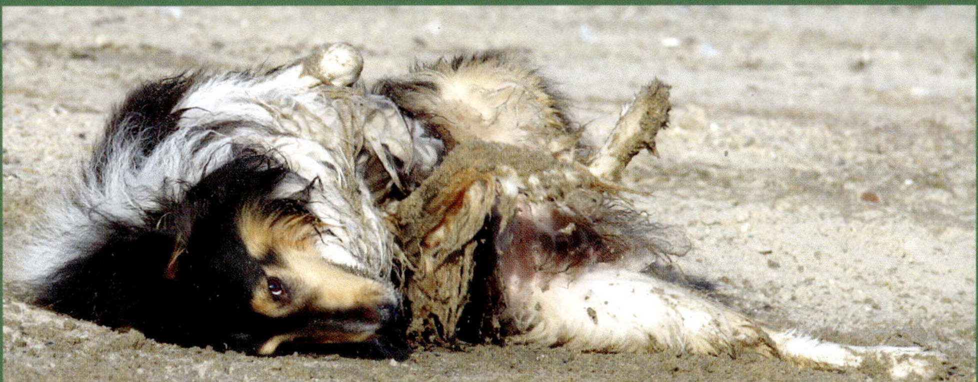

Begegnungen mit fremden Menschen

Auch wenn Sie Ihren Sheltie gut sozialisiert und an Menschen gewöhnt haben, wird er seine Reserviertheit gegenüber Fremden wahrscheinlich nie ganz ablegen. An Personen, die er nicht kennt, verschwendet ein typischer Sheltie seine Zuneigung nicht. Das muss aber kein Nachteil sein. Begegnungen mit anderen Spaziergängern verlaufen genau aus diesem Grund nämlich meist völlig unproblematisch. Ihr Sheltie wird an ihnen vorbeilaufen, ohne ihnen besondere Beachtung zu schenken, und auch wenn er einmal nass und völlig verdreckt sein sollte, wird er wohl kaum auf die Idee kommen, einen wildfremden Menschen anzuspringen – das erspart Ihnen unter Umständen einiges an Reinigungskosten.

Im Übrigen muss sich kein Hund einfach so von jedem x-beliebigen Fremden anfassen und durchknuddeln lassen. Auch wenn die Lassie-Optik ihres vierbeinigen Begleiters viele Menschen zu genau dieser Reaktion verleitet. Scheuen Sie sich nicht davor, solch aufdringliche Annäherungsversuche zu unterbinden, und lassen Sie Ihren Sheltie selbst entscheiden, ob er Kontakt aufnehmen möchte oder nicht. Freundschaften schließen Shelties ohnehin nur von sich aus. Von Schmeicheleien und Leckerchen lassen sie sich kaum bestechen.

Sozialkontakt mit anderen Hunden

Shelties entdecken beim Spaziergang andere Shelties oder auch Collies oft schon von Weitem und begrüßen diese freudig – es wirkt ein bisschen wie ein Familientreffen. Vermutlich deshalb hört man immer wieder, Shelties würden sich lieber mit ihresgleichen als mit anderen Rassen beschäftigen. Wir bezweifeln allerdings, dass Shelties von Natur aus „Rassisten“ sind. Es

Shelties sind sehr verträglich und lieben das Spiel mit Artgenossen.

kommt vielmehr darauf an, welche Erfahrungen sie in ihrem Leben mit anderen Hunden gemacht haben. Ein gut sozialisierter Sheltie liebt den Umgang mit jeglichen Artgenossen.

Als Spielpartner suchen sich Shelties allerdings am liebsten etwa gleich große und ähnlich veranlagte Hunde aus. Größere, kräftigere Hunde oder solche, die mit viel Körpereinsatz spielen, sind für den sensiblen Sheltie meist zu grob. Ausnahmen bestätigen hier aber wie immer die Regel. Überlassen Sie die Wahl der Spielpartner also ruhig Ihrem Sheltie – vorausgesetzt, Sie sind sich sicher, dass es sich dabei um gut sozialisierte Hunde handelt.

Typische Sheltieprobleme und was man dagegen tun kann

Nun haben Sie viel über die Leichtführigkeit und Unkompliziertheit des Shelties gelesen und werden sich vielleicht wundern, warum es dieses Kapitel überhaupt gibt. Ganz einfach – auch ein Sheltie hat Bedürfnisse, und wenn diese nicht erfüllt werden, er also körperlich oder geistig unterfordert ist oder wenn ihm die konsequente Erziehung fehlt, kann sich das in Verhaltensproblemen äußern. Oftmals handelt es sich bei diesen „Problemen“ um fehlgeleitetes rassetypisches Verhalten.

Der erste Schritt zur Lösung des Problems ist die Ursachenforschung. Versuchen Sie herauszufinden, wann, wo und warum Ihr Sheltie das unerwünschte Verhalten zeigt. Wenn Sie die Motivation kennen, ist das schon die halbe Miete. Erst dann wissen Sie nämlich, wo Sie ansetzen müssen, und können sich einen entsprechenden Trainingsplan zurechtlegen. In diesem Kapitel finden Sie einige Lösungsansätze für die „Behandlung“ typischer Sheltieprobleme. Ausführliche Anleitungen würden den Rahmen dieses Buches sprengen, es sei deshalb dringend empfohlen, vor Beginn des Trainings gezielt weitere Informationen einzuholen.

Sollten Sie merken, dass sich das Verhalten durch Ihr Training nicht bessert oder sogar verschlimmert, dann scheuen Sie sich bitte nicht davor, professionelle Hilfe in Anspruch zu nehmen.

Wichtig!
Die gründliche Sozialisation des Welpen, eine liebevolle und konsequente Erziehung sowie ausreichend Beschäftigung und Abwechslung im Alltag beugen nicht allen, aber vielen Verhaltensproblemen vor.

Ständiges Bellen

Eine gewisse Bellfreudigkeit ist dem Sheltie angeboren. Es gehört zu seinem normalen Verhaltensrepertoire. Wie bereits gesagt wurde, kann man ihm ein kurzes Anschlagen, um Besucher zu melden, ruhig erlauben. Nimmt das Bellen allerdings überhand, sollten Sie umgehend etwas unternehmen.

Shelties bellen gern – und manchmal zu viel.

Eine Möglichkeit ist es, das Bellen unter Signalkontrolle zu stellen. Das heißt, Sie trainieren das Bellen auf Befehl und ignorieren unaufgefordertes Bellen. Ihr Hund soll lernen, dass nur Bellen auf Befehl Erfolg in Form einer Belohnung bringt. Im günstigsten Fall wird er bald nur noch bellen, wenn Sie das möchten.

Eine weitere Möglichkeit ist das Trainieren eines sogenannten Abbruchsignals, mit dem sich das Bellen beenden lässt.

Jagen

Dass ein Hütehund keinen Jagdtrieb hat, ist ein weitverbreiteter Irrtum. In Wahrheit ist der Hütetrieb nämlich nichts anderes als ein umgeleiteter Jagdtrieb. Lediglich das Packen und Töten der Beute fehlen. Wenn Ihr Sheltie den Spaß an der Jagd entdeckt hat und sich nicht mehr abrufen lässt, wenn er im Wald oder Feld eine Spur verfolgt, müssen Sie reagieren. Das Trainieren eines „Superpfiffs" oder „Superwortes", auf die immer eine besonders tolle Belohnung folgt, ist bei Shelties äußerst Erfolg versprechend. Gezieltes Schleppleinentraining ist ebenfalls wirksam. Die richtige Handhabung der Schleppleine sollten Sie sich aber zuerst von einem Fachmann zeigen lassen.

Kinder, Jogger, Radfahrer oder Autos „hüten"

Auch wenn Shelties oft kein sehr ausgeprägtes Hüteverhalten zeigen, tritt dieses Problem ab und zu auf. Die schnellen Bewegungen reizen doch zu sehr zum Hinterherlaufen. Eine geeignete Lösung ist das Trainieren eines sogenannten

Alternativverhaltens. Setzen oder legen Sie Ihren Sheltie immer an den Wegrand, sobald ein „reizendes Objekt“ in Sicht ist, und loben Sie ihn jedes Mal ausgiebig, wenn er Mensch oder Maschine unbehelligt passieren lässt. Wenn Sie dieses Verhalten konsequent von ihm fordern, wird es Ihr Sheltie bald schon von sich aus anbieten.

Dauerstress

Ein Sheltie ist immer und für jede Aktivität zu haben, und genau das kann zum Problem werden. Wer diesen Hunden zu viel Aufmerksamkeit schenkt, sie ständig animiert und ihnen nicht zwischendurch auch längere Ruhephasen gönnt, lebt unter Umständen bald mit einem Nervenbündel zusammen, das den lieben langen Tag nichts anderes zu tun weiß, als angespannt auf das nächste Abenteuer in Form eines fliegenden Balles oder anderen aufregenden Spiels zu warten.

Die Lösung heißt: Unruhe und Spielaufforderungen seitens des Hundes ignorieren und ruhiges, entspanntes Verhalten belohnen – auch wenn es schwerfällt, dem „Bitte-bitte-spiel-mit-mir-Blick“ eines Shelties standzuhalten.

Ruhephasen sind wichtig, auch wenn's schwerfällt.

Angst vor Menschen

Wenn ein Sheltie negative Erfahrungen mit Menschen macht, kann es passieren, dass seine angeborene Reserviertheit gegenüber Fremden in Scheu oder gar Angst umschlägt. Hier hilft nur eines: gezielt für gute Erfahrungen mit Menschen sorgen und den Sheltie für jede positive Reaktion auf Fremde belohnen, und seien es auch nur ein Blick oder ein winziger Schritt in ihre Richtung.

Angst vor Geräuschen

Wie alle Hütehundrassen haben Shelties ein sehr gutes Gehör. Das hat leider nicht nur Vorteile, denn es macht sie ziemlich lärmempfindlich. Shelties, die sich vor bestimmten Geräuschen regelrecht fürchten, zum Beispiel vor dem Donnergrollen bei einem Gewitter oder vor dem Knallen und Sirren von Feuerwerksraketen, sind leider keine Seltenheit. Solange die Furcht noch nicht zu stark ausgeprägt ist, kann eine Desensibilisierung helfen. Geeignete Geräusch-CDs gibt es beim Tierarzt, dort kann man Ihnen auch das richtige Vorgehen erklären. In schwereren Fällen sollten Sie unbedingt einen Profi um Rat fragen.

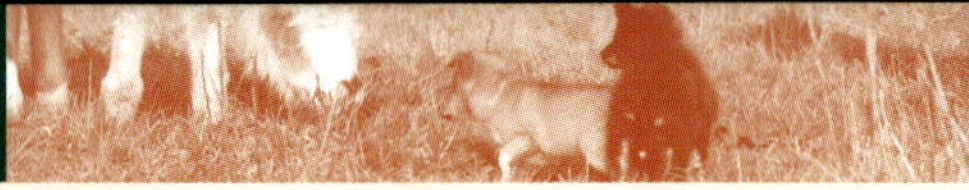

So einem süßen Welpen einen guten Start ins Leben zu ermöglichen ist eine schöne, aber auch eine sehr verantwortungsvolle Aufgabe.

Zuchtgedanken?

Wenn aus Ihrem Sheltiewelpen ein erwachsener und für Ihre Begriffe schöner Hund geworden ist, denken Sie vielleicht daran, mit ihm zu züchten. Bitte überlegen Sie sich das gut und beschäftigen Sie sich zunächst einmal ausführlich mit dem Thema Zucht. Zum Wohle Ihres Hundes und der gesamten Rasse gibt es dabei nämlich so einiges zu beachten.

Fragen Sie sich als Besitzer einer Hündin, ob Sie überhaupt genügend Zeit und Platz haben, um einen Wurf großzuziehen, und seien Sie sich im Klaren darüber, dass die Welpenaufzucht nicht ganz billig ist. Futter, Impfungen, Entwurmungen und das Ausstellen der Papiere sind nur einige Kostenfaktoren.

Wenn diese Grundvoraussetzungen erfüllt sind, sprechen Sie am besten einmal mit einem erfahrenen Züchter. Er kann Ihnen genau sagen, was alles auf Sie zukommt, und kann Ihnen auch erklären, was Sie tun müssen, um die Zuchttauglichkeit Ihrer Hündin feststellen zu lassen. Denken Sie bitte wirklich nur dann an Zucht, wenn Ihre Hündin ganz gesund ist und dem Rassestandard entspricht und wenn Sie bereit sind, acht Wochen lang viel Zeit und Mühe in die Aufzucht und Sozialisation der Welpen zu investieren. Zucht soll immer dem Erhalt oder der Verbesserung der Eigenschaften einer Rasse dienen und niemals der bloßen Vermehrung von Hunden!

Von einem Wurf „nur mal so“, weil es für die Kinder so interessant ist oder weil Sie gehört haben, dass eine Hündin in ihrem Leben aus gesundheitlichen Gründen zumindest einmal Welpen haben sollte, ist dringend abzuraten! Letzteres ist ein leider immer noch weitverbreitetes Märchen. Auf die Gesundheit Ihrer Hündin hat eine Trächtigkeit keinen positiven Einfluss – vielmehr sind mit Schwangerschaft und Geburt immer Risiken für Ihre Hündin verbunden.

Wenn Sie einen Rüden Ihr Eigen nennen, ist es etwas einfacher. Auch in diesem Fall sprechen Sie am besten mit einem erfahrenen Züchter und lassen sich erklären, wie und wo Sie den Rüden auf seine Zuchttauglichkeit überprüfen lassen können. Wird Ihnen diese bescheinigt, können Sie Ihren Rüden als Deckrüden anbieten.

Der ältere Sheltie

Alte Hunde sind einfach klasse! Und das Beste ist: Sie haben mit ziemlicher Sicherheit eine lange und schöne Zeit mit Ihrem alten Sheltie vor sich. Wie die meisten kleinen Hunderassen können Shelties nämlich recht alt werden. 15-jährige Shelties sind durchaus keine Seltenheit. Sie bleiben auch lange fit, und typische äußere Anzeichen für das Alter, wie graue Haare im Gesicht, vor allem um die Schnauze und die Augen, zeigen sich oftmals sehr spät. Aber irgendwann ist dann der Zeitpunkt gekommen, zu dem man das Alter nicht mehr verleugnen kann. Beweglichkeit und Ausdauer sind eingeschränkt, Hör- und Sehvermögen lassen nach, und möglicherweise wird Ihr Sheltie unsauber, weil er seinen Schließmuskel nicht mehr so gut kontrollieren kann. Wenn es so weit ist, müssen Sie auf die veränderten Bedürfnisse Ihres langjährigen Wegbegleiters eingehen. Denken Sie zurück an die Welpenzeit. Da haben Sie Ihren Sheltie auch die Treppen hochgetragen und ihn direkt nach dem Schlafen, Fressen und Spielen nach draußen gebracht, damit er sein Geschäft verrichten kann. Ihren gealterten Freund müssen Sie nun genauso intensiv betreuen. Seien Sie versichert, Ihr vierbeiniger Senior wird Ihnen alle Liebe, Güte, Zuwendung und Freundlichkeit, die er nun erfährt, hundertfach zurückgeben. Alte Hunde sind nämlich keinesfalls nur eine Belastung. Vielmehr ist die Beziehung zu einem älteren Hund, mit dem man so viele Jahre verbracht hat und so viele gemeinsame Erlebnisse teilt, etwas ganz Besonderes, das man in vollen Zügen genießen sollte.

Alte Shelties sind etwas ganz Besonderes.

Pflege, Ernährung und Gesundheit

Shelties sind aktive, gesunde und robuste Hunde. Ihr langes Haarkleid ist überraschend pflegeleicht.

Fellpflege

Weil Shelties langhaarige Hunde sind, wird oft angenommen, die Pflege ihres Fells sei besonders aufwendig. Das ist aber nicht der Fall – einmal pro Woche bürsten genügt völlig, und wenn die Bürste ab und zu mal zwei Wochen auf ihren nächsten Einsatz wartet, ist das auch nicht schlimm. Allzu häufiges Bürsten schadet hingegen nur. Dadurch zupft man zu viel gesunde Unterwolle aus, das Fell verliert an Glanz und kann schuppig werden. Eine Ausnahme ist selbstverständlich der Fellwechsel, den man durch häufigeres Bürsten unterstützen sollte.

Gut geeignet für die Fellpflege sind Bürsten mit Natur- oder Plastikborsten. Bürsten mit Drahtborsten sollte man lieber nicht verwenden, damit reißt man zu viel Unterwolle aus, und es besteht die Gefahr, dass die harten Borsten die Haut verletzen.

Zum Bürsten setzen Sie Ihren Sheltie am besten direkt vor sich und beginnen am Kopf. Besonders in dem feinen Haar hinter den Ohren bilden sich immer wieder Knötchen und verfilzte Stellen. Versuchen Sie zunächst, diese mit den Fingern zu lösen. Klappt das nicht, hilft meist ein grobzinkiger Kamm und anschließendes Bürsten. Wenn alle Versuche fehlschlagen, müssen Sie das verknotete Fell vorsichtig herausschneiden.

Arbeiten Sie sich nun zum Brustfell vor und dann zur Befederung an den Vorderläufen. Nun gehen Sie um den Hund herum und bürsten den Rücken. Als Nächstes kommen die Rute und die Befederung der Hinterläufe an die Reihe – dazu sollte der Sheltie stehen. Wenn Sie ihn danach veranlassen, sich auf den Rücken zu legen, können Sie bequem das Haar an der Brustunterseite und in der Lendengegend bürsten. Die seitlichen Fellpartien bürsten Sie am besten ebenfalls, wenn der Hund liegt – zuerst gegen den Strich, dann lageweise mit dem Strich.

Nach dem Bürsten kann man das Fell in der eben beschriebenen Reihenfolge noch einmal mit einem grobzinkigen Kamm kämmen. Damit wird auch der letzte Rest loser Unterwolle entfernt.

Kragen und Brustfell bürstet man am besten, wenn der Sheltie sitzt.

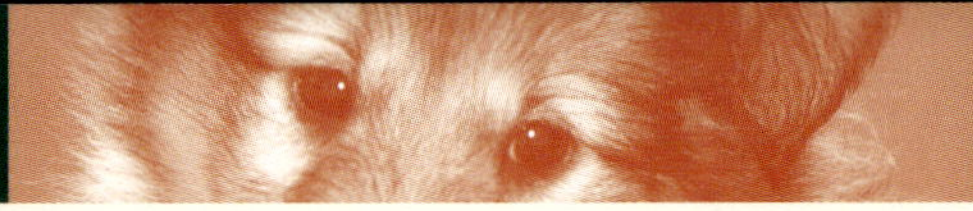

Wer möchte, dass sein Sheltie besonders ordentlich aussieht, sollte hin und wieder die Haare kürzen, die zwischen den Zehen herausschauen oder über die Krallen wachsen. Auch die Befederung an den Hinterläufen bedarf zwischendurch eines Schnittes. Ab und an müssen auch die Haare hinter den Ohren vorsichtig ausgedünnt werden. Dazu eignet sich eine Effilierschere.

Suchen Sie unbedingt nach jedem Spaziergang das gesamte Fell gründlich nach Kletten, Dornen oder Getreidegrannen ab, in dem langen dichten Haar des Shelties übersieht man sie nämlich nur allzu leicht.

Tipp

Die ausgebürstete Unterwolle Ihres Shelties können Sie sammeln, und wenn Sie genug davon haben, etwa ein Kilo sollte es schon sein, zu Wolle verarbeiten lassen. Es gibt Spinnstuben, die sich auf das Verspinnen von Hundehaaren verstehen. Selbstgestricktes aus Hundewolle wird Sie auch dann noch an Ihren Sheltie erinnern, wenn dieser vielleicht schon im Hundehimmel ist. Handgearbeitete Sachen aus Hundehaaren kann man ab und zu mit einem milden Hundeshampoo waschen. So bleiben sie jahrelang schön.

Ein Bad gefällig?

Baden sollte man seinen Sheltie nur, wenn es unbedingt notwendig ist – beispielsweise nach einem ausgiebigen Schlammbad oder wenn er Aas oder einen frischen Kuhfladen als Parfüm benutzt hat. Verwenden Sie dann am besten ein spezielles Hundeshampoo, das die Haut und Haare schützende Fettschicht nicht zerstört, und achten Sie unbedingt darauf, dass der Hund kein Shampoo in Augen oder Ohren bekommt. Wenn es draußen kalt ist, sollte der Sheltie nach dem Bad so lange bis er trocken ist nicht ins Freie, damit er sich nicht erkältet. Mit einem Föhn können Sie das Trocknen ein wenig beschleunigen. Sie dürfen das Gerät aber nicht zu heiß einstellen und müssen Ihren Sheltie erst einmal vorsichtig an das Geräusch und den Luftstrom gewöhnen.

Sind nach einem Spaziergang bei Regenwetter Bauch und Beine sehr schmutzig geworden, genügt es, den Sheltie kurz in die Dusche oder Wanne zu stellen und den Schmutz mit lauwarmem Wasser abzuspülen.

Pfoten und Krallen

Im Normalfall nutzen sich die Krallen Ihres Shelties auf natürliche Weise ab. Ist das einmal nicht der Fall, vielleicht weil Sie mit Ihrem Hund fast ausschließlich auf weichem Waldboden unterwegs sind, müssen die Krallen gekürzt werden. Das können Sie mit einer im Fachhandel

Wenn Shelties hin und wieder auf hartem Untergrund laufen, nutzen sich die Krallen auf natürliche Weise ab und müssen meist nicht gekürzt werden.

erhältlichen Krallenzange selbst erledigen. Achten Sie aber darauf, keine Blutgefäße zu verletzen. Bei hellen Krallen kann man sie gut erkennen, bei dunklen Krallen hilft es manchmal, eine Taschenlampe dagegenzuhalten. Am besten lassen Sie sich das richtige Krallenschneiden einmal von Ihrem Tierarzt zeigen.

Nicht nur das Fell, sondern auch die Zehenzwischenräume und die Ballen müssen nach einem Spaziergang immer auf Fremdkörper wie Dornen und Grannen untersucht werden. Im Winter kommen die Hundepfoten oft mit Streusalz in Berührung. Vor Verlassen des Hauses empfiehlt es sich deshalb, die Ballen mit Melkfett zu schützen, nach der Rückkehr sollte man die Pfoten gründlich mit lauwarmem Wasser abspülen.

Augen, Ohren und Zähne

Manche Shelties neigen zur Bildung morgendlichen Augensekrets. Entfernen Sie dieses regelmäßig, am besten mit einem Papiertaschentuch, damit das Auge nicht stark verklebt oder sich gar entzündet. Bei ungewöhnlich starkem oder eitrigem Ausfluss ist ein Tierarztbesuch unumgänglich.

Kontrollieren Sie die Ohren Ihres Shelties regelmäßig auf Verschmutzungen. Sehr schmutzige Ohren kommen bei dieser Rasse allerdings selten vor. Die Haare an der Innenseite verhindern das Eindringen von Schmutz, und die Kipp- oder auch Stehohren ermöglichen eine gute Belüftung des Gehörgangs. Wenn nötig, sollten die Ohren vorsichtig mithilfe eines weichen Tuchs gesäubert werden. Bitte niemals mit Wattestäbchen, dabei besteht erhebliche Verletzungsgefahr!

Schüttelt Ihr Sheltie auffällig häufig den Kopf oder kratzt sich am Ohr, kann das auf einen Ohrmilbenbefall oder einen Fremdkörper im Gehörgang hindeuten. In diesem Fall sollten Sie unbedingt Ihren Tierarzt aufsuchen.

Im Normalfall reinigen sich Hundezähne selbst, sofern der Hund regelmäßig Knochen, sehr harte Hundekuchen oder andere geeignete Kauartikel bekommt. Um Zahnsteinbildung vorzubeugen, kann man seinem Sheltie zusätzlich die Zähne mit spezieller Hundezahnpasta putzen. Manche Hunde neigen aber zu übermäßiger Zahnsteinbildung. Dieser zeigt sich als bräunlicher Belag, vor allem an den Rändern der oberen Fangzähne und an den hinteren Backenzähnen. In diesem Fall sollten Sie den Hund Ihrem Tierarzt vorstellen.

Shelties richtig ernähren

Eine ausgewogene Ernährung und jederzeit frisches Wasser zur freien Verfügung zählen zu den Grundvoraussetzungen für ein langes und gesundes Sheltieleben.

Ob Sie Ihren Sheltie mit Frisch- oder Fertigfutter ernähren möchten, ist Ihre persönliche Entscheidung. Die Frischfütterung ist etwas zeitaufwendiger als die Gabe von Dosen- oder

Eine kerngesunde, noch junge Sheltiehündin.

Eine ausgewogene Ernährung ist die Voraussetzung für ein langes und gesundes Sheltieleben.

Trockenfutter, weil man die Mahlzeiten erst zubereiten muss. Dafür können Sie aber die Zusammensetzung des Futters und die Qualität der Zutaten selbst bestimmen, während Sie sich beim Fertigfutter nur für eine der im Handel erhältlichen Mischungen entscheiden können und sich, was die Qualität der Inhaltsstoffe betrifft, ganz auf den Hersteller verlassen müssen.

Fertigfutter

Der Fachhandel hält eine große Auswahl unterschiedlichster Fertigfuttermittel bereit. Für jede Lebensphase und für Hunde mit den verschiedensten gesundheitlichen Problemen findet sich das geeignete Futter. Einige Hersteller bieten inzwischen sogar Spezialfutter an, das auf die Bedürfnisse bestimmter Rassen abgestimmt ist. Entscheiden Sie sich für ein hochwertiges Futter ohne chemische Farbstoffe, Geschmacksverstärker, Zucker, Konservierungsstoffe oder sonstige künstliche Zusätze, und achten Sie darauf, dass die Anteile an Rohprotein und Rohfett nicht allzu hoch sind, sonst wird Ihr Sheltie schnell zu dick. Hat Ihr Sheltie schwarzes Deckhaar, sollten Sie nach einem Futter suchen, das kein oder nur sehr wenig Kupfer und Karotin enthält, sonst bekommt das Fell einen rostroten Schimmer.

Wenn Sie Nassfutter aus der Dose füttern möchten, achten Sie bitte darauf, dass es keine Pflanzen-, Getreide- oder Tiermehle enthält und der Anteil an Fleisch, das auch für den menschlichen

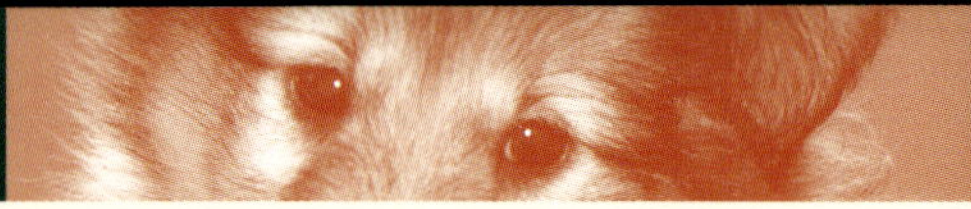

Verzehr geeignet wäre, mindestens 50 Prozent beträgt. Nassfutter ist sehr weich und damit nicht zur Zahnpflege geeignet, deshalb sollten Sie Ihrem Hund zusätzlich regelmäßig geeignete Kauartikel geben.

Trockenfutter besteht aus kleinen, recht harten Futterbröckchen und hat den Vorteil, dass es durch seine Beschaffenheit zum Kauen anregt und damit zur Zahnpflege beiträgt. Die Futterbrocken sollten zur Maulgröße passen. Shelties kommen mit Trockenfutter für kleine oder mittelgroße Rassen gut zurecht.

Futterreste müssen gleich nach der Fütterung entsorgt werden. Vor allem Nassfutter verdirbt schnell, wenn es zu lange steht. Bewahren Sie angebrochene Dosen deshalb im Kühlschrank auf. Aber Vorsicht: Futter nie direkt aus dem Kühlschrank füttern – es ist noch zu kalt und kann Magenschmerzen verursachen!

Ernährungstipp

Fertigfutter enthält zwar alles, was Ihr Sheltie braucht, es schadet aber nichts, wenn er von Zeit zu Zeit eine besondere Leckerei in seinem Napf findet. Geeignet und beliebt sind zum Beispiel einige gekochte Nudeln oder etwas Reis, aber auch ein kleiner Löffel Quark oder Hüttenkäse. Stark gewürzte Essensreste hingegen gehören nicht in den Hundemagen, sondern in die Biotonne.

Frischfutter

Die Fütterung mit frischem Fleisch (die inzwischen unter dem Namen BARF – Biologisch Artgerechte Rohfütterung bekannt geworden ist) kommt der natürlichen Nahrungsaufnahme des Hundes am nächsten. Im Prinzip ist jedes Fleisch zur Rohfütterung geeignet. Nur rohes Schweinefleisch (auch Wildschwein) ist absolut tabu, denn Schweine können das für Hunde tödliche Aujeszky-Virus übertragen. Knochen, besonders Geflügelknochen, sollten wegen der Splitterungsgefahr nie gebraten oder gekocht, sondern grundsätzlich nur roh verfüttert werden.

Hunde leben nicht nur von Fleisch. Eine ausgewogene Ernährung beinhaltet ergänzend zur täglichen Fleischration auch Obst, Gemüse, Getreide, Öle und Kräuter. Wer roh füttert, muss nämlich selbst darauf achten, dass im Futter alle notwendigen Nährstoffe, Mineralstoffe, Vitamine und Ballaststoffe enthalten sind.

Ausgewogene Ernährung in jeder Lebensphase

Welpen haben, bezogen auf Körpergröße und Gewicht, naturgemäß einen höheren Energiebedarf als erwachsene Hunde – sie befinden sich ja noch im Wachstum. Allerdings sind die auf den Packungen von Fertigfutter angegebenen Mengen für einen Sheltiewelpen oftmals zu hoch angesetzt. Zu energiereich darf die Nahrung nämlich auch nicht sein, weil dann die Gefahr besteht, dass der Welpe zu schnell wächst oder zu dick wird. Beides kann zu bleibenden Knochen- oder Gelenkschäden führen. Wenn Ihr

Nach den Mahlzeiten sollten Welpen nicht sofort wieder herumtollen.

Welpe seine Portion nicht ganz auffrisst, sollten Sie deshalb auf keinen Fall versuchen, ihm das restliche Futter noch aufzudrängen, sondern lieber beim nächsten Mal etwas weniger geben. Frisst er dann zügig alles auf und wirkt anschließend satt und zufrieden, haben Sie die richtige Futtermenge gefunden.

Bis zur zwölften Woche sollte ein Sheltiewelpe sein Futter auf vier Mahlzeiten pro Tag verteilt fressen. Danach reicht es, wenn Sie dreimal täglich füttern und ab dem sechsten Monat sind zwei Mahlzeiten pro Tag genug.

Direkt nach dem Fressen sollte sich der Welpe lösen dürfen und danach ein wenig ruhen. Wildes Umhertoben mit vollem Magen kann Bauchschmerzen und im schlimmsten Fall eine gefährliche Magendrehung zur Folge haben und muss deshalb vermieden werden.

Ernährungstipp

Ziehen Sie Leckerchen und Knabbereien, die Sie für die Erziehung benötigen oder nebenbei geben, unbedingt von der Tagesration ab. Shelties sind ziemlich verfressen, und wer die Rationen nicht genau im Auge behält, hat sich schnell ein kleines Pummelchen herangefüttert.

Ein Sheltie ist mit etwa neun Monaten ausgewachsen und brauchte dann nur noch eine Mahlzeit am Tag. Es hat sich aber bewährt, die tägliche Futtermenge weiterhin auf zwei kleinere

Ältere Hunde bewegen sich weniger und haben deshalb einen reduzierten Energiebedarf, das sollte man bei der Fütterung berücksichtigen.

Mahlzeiten aufzuteilen. So wird der Magen weniger belastet.

Der Energiebedarf eines erwachsenen Shelties richtet sich nach seiner körperlichen Aktivität. Das Futter für sportlich sehr aktive Hunde muss mehr energiereiches Rohprotein enthalten als das für Hunde, die „nur" normale Spaziergänge machen. Trächtige und säugende Hündinnen haben ebenfalls einen erhöhten Energiebedarf.

Ungefähr ab dem achten Lebensjahr, oft auch erst ab dem zehnten – das ist von Hund zu Hund verschieden –, zählt Ihr Sheltie zu den Senioren. Normalerweise brauchen alternde oder ältere Hunde keinen speziellen Futterplan. Bedingt durch die geringere Aktivität haben sie aber einen reduzierten Energiebedarf. Das sollten Sie bei der Fütterung berücksichtigen. Wenn Sie frisch füttern, können Sie die Menge entsprechend reduzieren; wenn Sie Fertigfutter geben, steigen Sie am besten auf sogenanntes Seniorfutter um.

Älteren Hunden fällt das Fressen manchmal schwer. Gründe dafür können reduzierter Speichelfluss und abgenutzte Zähne sein. Um die Nahrungsaufnahme zu erleichtern, können Sie vermehrt Nassfutter geben oder das Trockenfutter in Wasser oder Fleischbrühe einweichen. Wer frisch füttert, kann die Fleischstücke durch den Fleischwolf drehen.

Knochen sollten ältere Hunde nur noch in Maßen fressen. Der Verdauungstrakt von Senioren arbeitet träger, weshalb Knochen leicht zu Verstopfungen führen können.

Wie viel darf mein Sheltie wiegen?

Aussagekräftige Gewichtstabellen wird man für Shelties wohl kaum finden. Das liegt daran, dass die Größe, obwohl im Standard festgeschrieben, in der Realität stark variiert. Ein Sheltie mit der standardkonformen Widerristhöhe von 37 Zentimetern sollte etwa acht Kilo wiegen. Kleinere Shelties etwas weniger, größere entsprechend mehr. Ob der Sheltie sein Idealgewicht hat, kann man aber auch erfühlen. Sind die Rippen gerade noch tastbar, ist alles in Ordnung. Sind sie nicht mehr zu spüren, ist der Sheltie zu dick. Stehen die Rippen oder andere Knochen hervor, ist er zu dünn.

Allgemeine Gesundheitstipps

Auch wenn Shelties in aller Regel gesund und robust sind, muss man einige grundsätzliche Dinge beachten, damit das auch bis ins hohe Alter so bleibt.

Impfung und Wurmkur

Noch beim Züchter werden die Welpen erstmals gegen Staupe, Hepatitis, Parvovirose und Leptospirose geimpft. In der zwölften Woche müssen Sie die Impfung von Ihrem Tierarzt noch einmal wiederholen lassen. Dann kann auch die erste Tollwutimpfung erfolgen. Danach müssen die Impfungen nur noch jährlich aufgefrischt werden. Inzwischen gibt es Tollwutimpfstoffe, die sogar drei Jahre lang Schutz bieten. Lassen Sie sich vom Tierarzt beraten, welche Impfintervalle für Ihren Hund sinnvoll sind.

Auch die ersten Entwurmungen nimmt schon der Züchter bei den Welpen vor. Sie selbst sollten Ihren Hund mindestens zweimal jährlich, besser sogar alle drei Monate vorbeugend entwurmen. Geeignete Präparate erhalten Sie beim Tierarzt.

Sollten Sie den Verdacht haben, dass Ihr Hund bereits Würmer hat, ist der Gang zum Tierarzt ebenfalls unumgänglich. Anzeichen für Würmer sind Juckreiz im Bereich des Afters, der sich unter anderem durch das sogenannte „Schlittenfahren" äußern kann (der Hund rutscht auf seinem Hinterteil), ein aufgeblähter Bauch, unerklärlicher Gewichtsverlust, und manchmal kann man auch Würmer oder Wurmeier im Kot erkennen.

Zecken und Flöhe

Zum Schutz vor Zecken und Flöhen gibt es beim Tierarzt diverse wirksame Präparate. Doch trotz aller Vorbeugung kann sich Ihr Sheltie hin und wieder Parasiten einfangen.

Vom Frühjahr bis in den Spätherbst hinein ist bei uns Zeckenzeit. Zecken können gefährliche Krankheiten wie Borreliose übertragen. Der Hund sollte daher nach Spaziergängen in Wald und Feld gründlich nach den winzigen Spinnentieren abgesucht werden, die in dem dichten Sheltiefell nicht gerade leicht zu erkennen sind. Sehen Sie eine Zecke über das Fell krabbeln, können Sie diese einfach absammeln. Hat sie sich aber bereits festgebissen, muss sie umgehend und vorsichtig entfernt werden. Am

Das dichte Sheltiefell erschwert die Suche nach Zecken.

besten geht das mit einer Zeckenzange oder einem speziellen Zeckenhaken. Bevorzugt beißen sich Zecken im Gesicht, an den Innenschenkeln und in den Achselhöhlen fest, weil dort das Fell nicht so dicht ist. Diese Stellen sollten Sie besonders sorgfältig kontrollieren.

Wenn sich Ihr Hund übermäßig viel kratzt, deutet das auf einen Flohbefall hin. Die Flöhe selbst sind im langen und dichten Fell eines Sheltie kaum zu erkennen, der Flohkot – kleine, grauschwarze Krümelchen – hingegen schon. Beim Tierarzt erhalten Sie geeignete Präparate zur Flohbekämpfung.

Krankheitszeichen

Ein gesunder Sheltie ist lebhaft und interessiert an seiner Umwelt, hat eine kühle und feuchte Nase, klare Augen und ein glänzendes Fell. Fühlt sich die Nase hingegen heiß und sehr trocken an, wirken die Augen trüb, das Fell stumpf oder leidet der Hund gar an Durchfall oder Erbrechen, ist der Weg zum Tierarzt angesagt.

Erbliche Erkrankungen

Wie die meisten Rassen ist auch der Sheltie trotz sorgfältiger Zucht leider nicht ganz frei von erblich bedingten Krankheiten, die hier nicht unerwähnt bleiben sollen.

Augenkrankheiten

Wie bei vielen anderen Hütehundrassen können auch Shelties unter verschiedenen erblichen Augenproblemen leiden. Deshalb lässt ein seriöser Züchter die Augen seiner Zuchthunde und auch die seiner Welpen regelmäßig von einem Spezialisten des DOK (Dortmunder Kreis), das ist die Gesellschaft für Diagnostik genetisch bedingter Augenerkrankungen bei Tieren, untersuchen.

Collie Eye Anomaly (CEA)

Die CEA ist eine erbliche Entwicklungsstörung des Augenhintergrunds, die unterschiedlich stark ausgeprägt sein kann. Bei der leichten Form können die Hunde ganz normal sehen. Etwas stärkere Veränderungen können die Sehkraft beeinträchtigen, und in den beim Sheltie sehr selten vorkommenden schweren Fällen sind die Tiere blind. Heilbar ist diese Erkrankung nicht.

CEA lässt sich schon früh erkennen. Welpen sollten daher zwischen der sechsten und achten Woche, also noch beim Züchter, auf diese Krankheit untersucht werden. Der Status der CEA verändert sich im Lauf des Lebens nicht; ist ein Welpe bei der Untersuchung also CEA-frei, wird er das auch bleiben.

Für Züchter ist die frühe Augenuntersuchung deshalb so wichtig, weil sich damit auch sogenannte „Go-normals" erkennen lassen. Das sind Hunde, die eine besonders milde Form der CEA haben, die oft bereits ab der zehnten Lebenswoche nicht mehr zu erkennen ist, aber dennoch weitervererbt werden kann. Solche Hunde sollten möglichst nur mit genetisch CEA-freien Partnern verpaart werden.

Progressive Retina Atrophy (PRA)

Die PRA ist eine ernst zu nehmende, unheilbare Erkrankung. Es handelt sich um eine fortschreitende Rückbildung der Netzhaut, die in jedem Fall zur Erblindung führt. Die PRA entwickelt sich oft erst im fortgeschrittenen Alter, weshalb Zuchthunde jährlich darauf untersucht und gegebenenfalls aus der Zucht genommen werden müssen. Erst wenn ein Hund älter als fünf Jahre ist und diesen Defekt nicht aufweist, gilt er als PRA-frei.

So wach und interessiert schauen gesunde Shelties in die Welt.

Nur mit einem gesunden Bewegungsapparat macht das Laufen so viel Spaß.

Distichiasis

Bei diesem Augenproblem wachsen wimpernartige Haare am oberen oder unteren Lidrand nach innen in Richtung Auge. Diese Härchen können die Hornhaut reizen, wodurch sich das betroffene Auge entzündet und tränt. Wenn das häufig passiert und den Hund stark beeinträchtigt, müssen die falsch gewachsenen Wimpern vom Tierarzt operativ entfernt werden. Allerdings ist nicht auszuschließen, dass die Haare an anderer Stelle wieder nachwachsen. Manche Sheltiehalter ziehen die Härchen auch selbst mithilfe einer Pinzette aus dem Lidrand. Wenn der Hund dabei nicht absolut stillhält, ist die Gefahr, das Auge zu verletzen, aber nicht unbeträchtlich.

Distichiasis tritt bei Shelties häufiger auf, bei entsprechender Behandlung können die betroffenen Hunde damit aber gut leben.

Katarakt

Diese Krankheit ist auch unter dem Namen grauer Star bekannt. Es handelt sich dabei um eine Trübung der normalerweise völlig klaren Linse. Im fortgeschrittenen Stadium führt diese Krankheit zur Erblindung, sie lässt sich aber operativ behandeln.

Katarakt hat viele verschiedene Ursachen, unter anderem kann er erblich bedingt sein, weshalb betroffene Hunde von der Zucht ausgeschlossen werden.

Hüftgelenkdysplasie

Die Hüftgelenkdysplasie (HD) ist eine relativ weitverbreitete Krankheit, die neben der erblichen Veranlagung auch stark von Aufzucht und Haltung beeinflusst werden kann. Obwohl der Sheltie zu den kleinen und leichten Rassen gehört, die vergleichsweise selten an HD leiden, ist eine Erkrankung nicht ganz auszuschließen. Vorbeugen kann man, indem man seinen jungen Sheltie nicht zu stark beansprucht und darauf achtet, dass der Hund nicht übergewichtig wird.

Patellaluxation

Hierbei handelt es sich um einen Defekt im Kniegelenk, der hauptsächlich bei kleinen Hunderassen vorkommt. Die Kniescheibe sitzt nicht so fest, wie sie eigentlich sollte, sondern ist verschiebbar und kann aus ihrer normalen Position rutschen. Ein Hinweis auf eine Patellaluxation ist es, wenn Ihr Hund von Zeit zu Zeit einige Schritte stark humpelt oder gar auf drei Beinen läuft. Falls Sie dies beobachten, sollten Sie ihn einem Tierarzt vorstellen. Eine Patellaluxation lässt sich in der Regel operativ gut korrigieren.

Fersenkappenabriss

Fersenkappenabrisse scheinen neueren Erkenntnissen zufolge ebenfalls ein erblich bedingtes Problem zu sein, das bei manchen Shelties auftritt. Bei den betroffenen Hunden können die Fasern, die eine an der Ferse verlaufende Sehne fixieren, abreißen. Die Sehne rutscht dann aus ihrer Führung und der Hund beginnt plötzlich stark zu lahmen. Abhilfe schafft eine Operation, bei der die verrutschte Sehne wieder stabilisiert wird.

Multi-Drug-Resistance – der MDR1-Defekt

Diesen Gendefekt weisen zahlreiche Hütehundrassen auf, darunter auch Shelties. Der Defekt führt bei betroffenen Tieren zu einer Überempfindlichkeit gegenüber bestimmten Arzneistoffen, wie zum Beispiel dem in vielen Wurmkuren enthaltenen Ivermectin. Werden diese Mittel dennoch verabreicht, sind teils schwere Vergiftungserscheinungen, manchmal sogar der Tod des Tiers die Folge.

Die Tierärzte kennen die Problematik und vermeiden bei den anfälligen Rassen den Einsatz der betreffenden Medikamente. Mittlerweile gibt es auch einen Bluttest, mit dem sich der MDR1-Defekt diagnostizieren lässt. Wer den MDR1-Status seines Hundes kennt, kann seinen Tierarzt gezielt informieren.

Der Sheltie – ein Allroundtalent

Shelties sind die geborenen Allrounder. Mit Freude beteiligen sie sich an jeglichen Freizeitaktivitäten. Im folgenden Kapitel möchten wir Ihnen einen Überblick über sinnvolle Beschäftigungsmöglichkeiten für Mensch und Sheltie geben. Probieren Sie aus, was Ihnen beiden Spaß macht.

Hüten mit Shelties?

Ausgeprägtes Hüteverhalten zeigen die heutigen Shelties nur noch selten – vielleicht haben sie es auch nie gezeigt, denn schon in ihrer ursprünglichen Heimat auf den Shetlandinseln waren sie ja keine Hütehunde im eigentlichen Sinn, sondern vielmehr Mädchen, oder auch Jungs, für alles. Das Hüten war nur eine von vielen Aufgaben, die sie zu erfüllen hatten, und es liegt nahe, dass der Sheltie all seine Aufgaben gut und zur vollsten Zufriedenheit seines Menschen erfüllte, aber in keiner die Perfektion eines Spezialisten erreichte.

Ganz abhanden gekommen ist der Hütetrieb der Shelties aber nicht. Vereinzelt trifft man Sheltiehalter, die das Hüten als Sport für ihren Hund entdeckt haben und zeigen, dass es durchaus möglich ist, des Shelties Sinn für Schafe zu wecken und zu fördern. Wahrscheinlich klappt das nicht mit jedem Sheltie, und ob man es jemals zur Wettbewerbsreife bringen wird, ist fraglich. Wer es aber dennoch gern versuchen möchte, wird unter den Trainern, die sonst Border Collie & Co. ausbilden, sicher den einen oder anderen finden, der es auch gern mal mit einem Sheltie probiert.

Manche Shelties haben ihren Sinn für Schafe noch bewahrt.

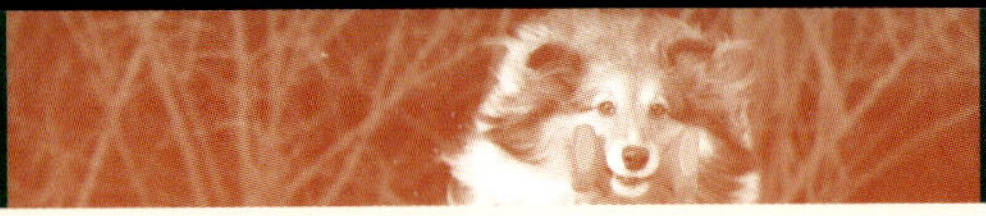

Hundesport

Es gibt kaum eine Hundesportart, für die man die vielseitigen Shelties nicht begeistern könnte. Solange der gemeinsame Spaß mit ihrem Menschen im Vordergrund steht, machen diese Hunde alles mit. Im Folgenden finden Sie eine Auswahl an bekannten Sportarten, für die der Sheltie geradezu geschaffen zu sein scheint, das sind aber bei Weitem nicht die einzigen Möglichkeiten.

Probieren Sie ruhig Verschiedenes aus und finden Sie heraus, welche Vorlieben und besonderen Talente Ihr Sheltie hat und welche Disziplin ihm besonders liegt, dann werden Sie wahre Meisterleistungen erleben dürfen. Aber bitte nicht vergessen: Ein Gesundheitscheck beim Tierarzt sollte selbstverständlich sein, bevor Sie und Ihr Hund mit dem Training einer Sportart beginnen, bei der schnelle Wendungen oder viele Sprünge gefordert sind.

Agility

Bei dieser beliebten Hundesportart soll der Hund auf Anweisung des Hundeführers möglichst schnell und fehlerfrei einen Hindernisparcours überwinden, der aus Sprüngen, Tunnels und verschiedenen Geschicklichkeitshindernissen besteht.

Shelties sind intelligent, flink, wendig und ausdauernd – die idealen Agilityhunde also, denn diese Sportart verlangt eine schnelle Auffassungsgabe und eine perfekte Kommunikation zwischen Hund und Mensch, kombiniert mit Laufgeschwindigkeit und Sprungkraft. Hier können Shelties zeigen, was in ihnen steckt, und es verwundert nicht weiter, dass sie auf Agilityturnieren in letzter Zeit immer häufiger zu sehen sind und sogar bei Weltmeisterschaften in dieser Sportart ganz vorn mit dabei sind.

Die Sprunghöhe im Agility richtet sich nach der Körpergröße des Hundes. Shelties starten je nach Größe in den Klassen Mini, für Hunde unter 35 Zentimetern, oder Midi, für Hunde unter 43 Zentimetern Schulterhöhe. Hat sich ein Sheltie so gar nicht an die Größenvorgaben gehalten – wie bereits gesagt wurde, ist das gar nicht so selten –, muss er, wie alle anderen Hunde, die größer als 43 Zentimeter sind, in der Klasse Large starten und Sprünge von etwa 60 Zentimetern Höhe überwinden. Das ist für einen trotz allem noch recht kleinen Hund enorm. Ein Sheltie kann und wird diese Höhe ohne Zweifel springen, aber

Der Apport über die Hürde ist eine Aufgabe für fortgeschrittene Obedience-Sportler.

bitte stellen Sie sicher, dass er die körperliche Fitness dazu hat. Wenn Sie im Training nur selten die geforderte Höhe verlangen und sonst mit niedrigeren Sprüngen trainieren, schonen Sie die Gelenke Ihres vierbeinigen Sportpartners!

Obedience

Obedience beinhaltet Gehorsamsübungen wie das Bei-Fuß-Gehen mit und ohne Leine, Sitz, Platz und Steh aus der Bewegung, Bleib-Übungen mit und ohne Sichtkontakt zum Menschen, Abrufen, Vorausschicken, Apportieren, Geruchsidentifikation aus mehreren Hölzern und die sogenannte Distanzkontrolle, bei der der Hund in großem Abstand zu seinem Besitzer eine Reihe von Positionswechseln (Sitz, Platz, Steh) ausführen soll, ohne sich dabei von der Stelle zu bewegen. Bei dieser Sportart, die aus Großbritannien stammt und als die „Königsdisziplin der Unterordnung" gilt, geht es in erster Linie um die exakte Ausführung der Übungen und die harmonische Zusammenarbeit des Mensch-Hund-Teams. Großen Wert

Spektakuläre Tricks mit fliegenden Scheiben – hier sind Geschicklichkeit und gutes Timing gefragt.

wird darauf gelegt, dass der Hund freudig und eifrig bei der Sache ist.

Shelties lernen gern und leicht, und perfektes Teamwork mit ihrem Menschen ist ihre Spezialität. Das sind die optimalen Voraussetzungen für Obedience. Ein interessanter Sport für alle, die sich gern intensiv mit ihrem Sheltie beschäftigen möchten und Spaß daran haben, bis zur Perfektion an einzelnen Übungen zu feilen.

Discdogging

Das Frisbeespiel mit dem Hund erfreut sich in Deutschland wachsender Beliebtheit. Das Grundprinzip ist einfach: Der Mensch wirft spezielle

Hundefrisbees und der Hund fängt die Scheiben. Wettkämpfe werden in verschiedenen Disziplinen ausgetragen; besonders spektakulär wird es, wenn das Mensch-Hund-Team beim sogenannten „Freestyle“ eine Kür aus einer Abfolge von verschiedenen Würfen und Sprüngen zeigt.

Shelties haben einen Riesenspaß an dem Spiel mit der Scheibe. Aber Achtung: Nur vollkommen gesunde Hunde sollten dieses körperlich anstrengende Hobby betreiben.

Flyball

Wenn Sie einer Gruppe Menschen begegnen, deren Hunde in rasender Geschwindigkeit über vier niedrige Hürden fliegen, den Auslösemechanismus einer Ballwurfmaschine betätigen und mit einem Ball im Maul über die Hürden zurückflitzen, dann beobachten Sie gerade ein Flyballtraining. Flyball ist eine Art Staffellauf für Hunde. Bei Wettkämpfen treten zwei Mannschaften aus je vier Mensch-Hund-Teams gegeneinander an. Gewonnen hat die Mannschaft, bei der als Erstes alle Hunde fehlerfrei ins Ziel gekommen sind.

Ein toller Sport für flinke, ballverrückte Hunde und damit ein prima Hobby für Ihren Sheltie.

Dogdance

Haben Sie schon einmal daran gedacht, Ihren Sheltie zum Tanz aufzufordern? Eine Kür, bei der sich Mensch und Hund im Takt der Musik bewegen und diverse Tricks vorführen, kommt als Showeinlage bei Veranstaltungen immer gut an. Außerdem werden Sie, bis so eine Kür gut klappt, viele schöne Übungsstunden mit Ihrem zufriedenen, weil geistig ausgelasteten, Sheltie verbracht haben. Inzwischen gibt es übrigens auch in Deutschland richtige Dogdance-Wettbewerbe, bei denen man sich mit Gleichgesinnten messen kann.

Wer es gar nicht musikalisch mag, kann sich auch nur mit dem Tricktraining beschäftigen. Der

Bälle treiben macht Hütehunden bei jedem Wetter Spaß.

Kreativität sind dabei keine Grenzen gesetzt und selbst für den schlauesten Sheltie findet sich immer wieder eine neue Herausforderung.

Treibball

Treibball wurde von dem Holländer Jan Nijboer ursprünglich für Hüte- und Treibhunde erfunden und wird von Shelties mit Begeisterung gespielt – übrigens auch von denen, die keinen erkennbaren Hütetrieb mehr zeigen. Bei dieser Sportart kommt es darauf an, mehrere große Bälle, die sozusagen als Schafersatz dienen, über eine größere Distanz hinweg in ein Tor zu treiben. Die Spielregeln orientieren sich an den Regeln echter Hütewettbewerbe; dem Hundeführer kommt also die Aufgabe des Schäfers zu. Er dirigiert den Hund mit seiner Stimme oder Pfeifsignalen und bestimmt so, welcher Ball wohin bewegt werden soll.

Shelties als Therapiehunde

Therapiehunde unterstützen einen Therapeuten bei der Arbeit mit seinen Patienten. Sie können bei den unterschiedlichsten Therapieformen und Problemen eingesetzt werden. Bei der Physiotherapie helfen sie zum Beispiel, Menschen zu bestimmten Bewegungen zu motivieren. Oftmals spielen sie auch den „Mittler" zwischen Therapeut und Patient, weil Hunde auf Wegen Zugang zu einer Person finden, die einem Menschen gar nicht offenstehen.

Shelties sind klein, haben angenehm weiches Fell, und ihr lieblicher Gesichtsausdruck ist sogar ein erklärtes Zuchtziel. Hinzu kommt noch die große Ähnlichkeit mit dem Collie, dessen Anblick Erinnerungen an Lassie, den lieben und immer hilfsbereiten Hund aus der gleichnamigen Fernsehserie, wachruft. Das alles macht sie zu geeigneten Therapiehunden, denn Angst wird wohl kaum jemand vor einem Sheltie haben.

Die rassetypische Scheu vor Fremden mag im Einzelfall hinderlich sein, grundsätzlich ist ein gut sozialisierter Sheltie jedoch sehr menschenfreundlich, nur vielleicht ein wenig unaufdringlicher als manche andere Rassen. Das kann aber, je nach Einsatzgebiet, durchaus ein Vorteil sein.

Besuchshund

Besuchshunde sind keine speziell ausgebildeten Therapiehunde im eigentlichen Sinn. Jeder Hund, der die Voraussetzungen erfüllt und eine entsprechende Eignungsprüfung besteht, kann mit seinem Besitzer älteren oder einsamen Menschen oder Menschen mit körperlichen oder geistigen Beeinträchtigungen durch einen Besuch ein bisschen Freude bereiten.

Wenn Sie mit Ihrem Sheltie soziales Engagement zeigen möchten, können Sie sich zum Beispiel an den Verein Tiere helfen Menschen e. V. wenden. Die Adresse finden Sie im Anhang.

Immer wieder erlebe ich schöne und bewegende Momente, wenn ich mit meinen Shelties ein Altenheim besuche. Die Menschen freuen sich schon Tage vorher auf den Hundebesuch, der Abwechslung und Struktur in ihren Alltag bringt. Sie dürfen die Tiere streicheln, füttern und auch mal ein Stück an der Leine führen. Besonders freue ich mich darüber, wenn meine Hunde es wieder einmal geschafft haben, einem Menschen ein Stück Lebensfreude zurückzugeben oder gar jemandem, der lange Zeit nichts mehr gesprochen hat, einige Worte zu entlocken.

Astrid Ruckmich

... oder einfach nur als ständiger Begleiter?

Ja, auch diese Aufgabe liegt dem Sheltie sehr. Wenn er fast ständig in Ihrer Nähe sein darf und Sie ihm dazu noch ausreichend geistige Beschäftigung sowie ausgedehnte und vor allem abwechslungsreiche Spaziergänge bieten, ist er vollauf zufrieden mit seinem Leben.

Ein spannender Spaziergang

Interessant werden Spaziergänge durch gemeinsame Aktivitäten. Verstecken Sie Ihrem Sheltie doch hin und wieder sein Lieblingsspielzeug oder einige Leckerchen und lassen Sie ihn danach suchen. Wenn Sie im Wald spazieren gehen, liegen oft Baumstämme am Wegrand, die zum Klettern, Balancieren oder Springen einladen. Lassen Sie sich etwas einfallen, der Fantasie sind keine Grenzen gesetzt.

Fahrrad fahren, joggen oder wandern

Shelties halten sich gern und bei jedem Wetter im Freien auf und sind trotz ihrer geringen Größe ausdauernde Läufer. Beim Joggen, bei längeren Fahrradtouren oder mehrstündigen Wanderungen begleitet Sie ein entsprechend trainierter Sheltie problemlos. Bedenken Sie aber bitte, dass Sie mit dem Training für das Fahrradfahren, Joggen oder Wandern erst beginnen dürfen, wenn Ihr Sheltie ausgewachsen ist, also frühestens mit einem Jahr.

Was Sie auch tun – ein Sheltie möchte immer ganz nah dabei sein.

Um seinen Ball zu „retten“, schwimmt ein Sheltie auch mal ein Stückchen.

Weil kleine Hunde im Straßenverkehr leicht übersehen werden, ist es eine gute Idee, den Sheltie an das Mitfahren in einem Fahrradkorb zu gewöhnen, um ihn an stark befahrenen Straßen schützen zu können. Bitte verwenden Sie aber einen Fahrradkorb für Hunde. Diese sind mit einem Gitter versehen, das ein Hinausspringen während der Fahrt verhindert.

Schwimmen

Begeisterte Langstreckenschwimmer sind Shelties zwar nicht, sie halten sich aber gern am oder im Wasser auf. Für die meisten Shelties ist es im Sommer ein richtiges Highlight, am Seeufer oder Strand hinter einem Ball herzujagen und diesen aus den Wellen zu retten.

Kunststückchen für den Hausgebrauch

Bilden Sie Ihren Sheltie doch zum Helfer im Haushalt aus. Das Training wird ihm großen Spaß machen und trägt zu seiner geistigen Auslastung bei. Wäre es nicht praktisch, wenn er beim Aufräumen oder beim Befüllen der Waschmaschine hilft oder Ihnen morgens die Zeitung und vor dem Spaziergang seine Leine bringt? Bestimmt fallen Ihnen noch viele andere Tätigkeiten ein, bei denen Sie ein bisschen „Hilfe“ brauchen könnten.

Adressen

Club für Britische Hütehunde e. V.
Erika Heintz
Schulstraße 31
D-22929 Hamfelde
geschaeftsstelle@cfbrh.de
www.cfbrh.de

1. Shetland Sheepdog Club Deutschland e. V.
Josef Hartich
Raiffeisenstraße 7
D-67307 Göllheim
vorstand@sscd-ev.de
www.sscd-ev.de

Schwäbischer Hundeverein 1982 e. V.
Werner Schnörer
Järkendorf 15
D-97357 Prichsenstadt
www.hunde-shv-verein.de

Österreichischer Club für Britische Hütehunde
Margit Brenner
Donaufelder Straße 215
A-1220 Wien
info@huetehunde.at
www.huetehunde.at

Schweizer Shetland Sheepdog Club
Peter Reber
Altikofenstrasse 55
CH-3048 Worblaufen
www.sheltie-club.ch

Tiere helfen Menschen e. V.
Graham Ford
Münchener Straße 14
D-97204 Höchberg
info@thmev.de
www.thmev.de

Zum Weiterlesen

Böhm, Silke:
Rohfütterung für Hunde
Frischfleischfütterung leicht gemacht
Brunsbek: Cadmos, 2006

Dahl, Dorothee:
Graue Schnauzen
Gute Zeit mit alten Hunden
Brunsbek: Cadmos, 2008

Franck, Rolf C./Grauss, Madeleine:
Hab keine Angst, mein Hund
Ängste bei Hunden erkennen und abbauen
Brunsbek: Cadmos, 2008

Klär, Claudia/Schäfer, Sabine:
Hundegymnasium. Übungen für Schlaumeier
Brunsbek: Cadmos, 2008

Lehari, Dr. Gabriele:
Das Welpenhandbuch
Auswahl · Ernährung · Erziehung
Brunsbek: Cadmos, 2008

Lehari, Dr. Gabriele:
Hunde richtig verstehen
Wie Hunde sprechen
Brunsbek: Cadmos, 2002

Nau, Martina:
Pubertät und wilde Zeiten
Wenn Hunde schwierig werden
Brunsbek: Cadmos, 2008

Sondermann, Christina:
Das große Spielebuch für Hunde
Beschäftigungsideen – Spaß im Hundealltag
Brunsbek: Cadmos, 2005

Thiele, Sabine:
So werden Sie ein Dreamteam
Die 100 wichtigsten Fragen und Antworten für Hundebesitzer
Brunsbek: Cadmos, 2008

Zaitz, Manuela:
Trickschule für Hunde
Kunststücke leicht erlernen
Brunsbek: Cadmos, 2007

Über die Autorinnen

Andrea Bruch hält seit mehr als 20 Jahren Shelties und züchtet ihre geliebte Rasse unter dem Zwingernamen „From the Olympic Mountains" seit 2001. Seit vielen Jahren engagiert sie sich ehrenamtlich als Zuchtbuchführerin in ihrem Zuchtverein. Sie lebt mit ihrer Familie und ihrem Sheltierudel im Hunsrück.

Astrid Ruckmich lebt mit ihrem kleinen Sheltierudel in der Pfalz. Sie ist Trainerin in einem Hundesportverein, betreibt mit ihren Shelties selbst aktiv mehrere Hundesportarten und engagiert sich im Verein „Tiere helfen Menschen e. V.", für den sie mit ihren Shelties regelmäßig Altenheime besucht.

Stichwortregister